西方哲理译丛●

Marcus Tullius Cicero

〔古罗马〕西塞罗——著
林蔚真——译

友谊责任论

金城出版社
GOLD WALL PRESS

北京·2020

图书在版编目（CIP）数据

友谊责任论 /（古罗马）西塞罗著；林蔚真译．—
北京：金城出版社有限公司，2020.6
书名原文：On Friendship
ISBN 978 - 7 - 5155 - 1939 - 5

Ⅰ.①友… Ⅱ.①西… ②林… Ⅲ.①伦理学 - 古罗马 Ⅳ.①B502.42②B82

中国版本图书馆 CIP 数据核字（2019）第 274435 号

友谊责任论

著　　者　（古罗马）西塞罗
译　　者　林蔚真
责任编辑　李凯丽
责任校对　李　涛
开　　本　660 毫米 ×940 毫米　1/16
印　　张　15
字　　数　190 千字
版　　次　2020 年 6 月第 1 版
印　　次　2020 年 6 月第 1 次印刷
印　　刷　三河市双峰印刷装订有限公司
书　　号　ISBN 978 - 7 - 5155 - 1939 - 5
定　　价　38.00 元

出版发行　**金城出版社有限公司**　北京市朝阳区利泽东二路 3 号
邮编：100102
发 行 部　（010）84254364
编 辑 部　（010）84250838
总 编 室　（010）64228516
网　　址　http://www.jccb.com.cn
电子邮箱　jinchengchuban@163.com
法律顾问　北京市安理律师事务所　（电话）18911105819

译 序

西塞罗（Marcus Tullius Cicero，公元前106—前43年）是古罗马文化界、教育界乃至政坛历史上的一位重要的历史人物。同时他还是雄辩术教育的积极倡导者，他的哲理论著，只比柏拉图的《理想国》晚一百多年，是西方古代最有影响力的政论家之一。

西塞罗出身于骑士阶层的家庭，从小受到良好的教育，深受修辞学家、法学家以及斯多葛派哲学家影响。青年时期接受过军事训练，服过兵役，最后按当时的教育传统到雅典的哲学学校游学两年。受教完毕以后，从事律师工作，不久便步入政界，凭其广博的知识、雄辩的天才以及纵横捭阖的政治手腕和阴谋诡计，平步青云。

公元前64年，西塞罗在大竞选运动中，击败了著名的民主派首领卡提柯那，当选为执政官，但在政治斗争中，他逆历史潮流而动，死守共和制不放，当共和制走到了历史的尽头时，西塞罗逃亡未遂而被害。

西塞罗在当执政官期间，从不废弃社会与政治学术研究，他秉承的古希腊的雄辩衣钵，为自己的政治生活曾起了巨大的作用，这时期的西塞罗发表了不少论著，除《雄辩术》外，还有脍炙人口的《论老年》《论友谊》《论责任》等作品问世，其中，《论友谊》以其辩论体裁撰写，而《论责任》则是以书信方式撰写，其理论不仅顺应了时代的要求，而且还因材料大量的来源于现实生活，从而丰富了雄辩与演讲教育的内容，使其更加具有理论指导意义。

《论友谊》（写于公元前44年）正是这种不朽经典之一。在这篇论著中，西塞罗不仅对友谊的社会定义、人文关怀、起源与发展做了详尽的解说，而且还对种种关于友谊的偏见和误区进行了卓有个性的哲理解构。

在西塞罗看来，“友谊是我们一生中首要的事情，它是最切合我们天性的东西”，但他同时认为，“友谊只能存在于好人之间”。西塞罗把“好人”定义为有着高尚的、公正的、纯洁的心灵的人。他们从不贪婪、从不淫秽，始终高雅，“正是这一系列美德从古至今健康的延续，人类的友谊又才得到良好的保持”。

在西塞罗看来，友谊是人类理性的产物，一切破坏友谊的行为都是“无理性”甚至是“无德”的。所以他一再强调“不要要求你的朋友去做坏事，如果你的朋友要你去做坏事也不要答应”的原则。谁违背了这种原则，谁就毁坏了友谊存在的基础（美德）。西塞罗的这种思想虽源于古罗马时期，但对弥漫在当今人们现实生活中的各种不洁的交友观念，同样具有不凡的鞭挞意义。

《论友谊》最闪光之处莫过于对“友谊质疑论者”的哲学质疑。哲学家通过对古罗马乃至欧罗巴人情事态细致入微的观察，详尽地为我们展示了三种交友限度的误区，而解决这三种误区的最好办法就是“平等”与“忠诚”。在这个基础上，西塞罗把神学与社会学融于一体，意在拆除地位与身份差异的门槛，为各种交友的顾虑和怯懦减压，人神姑且可以共舞，友谊的境界自然就在“减少痛苦”得到升华。这是西塞罗友谊逻辑思想的真正要义；也是《论友谊》的内核。

此外，西塞罗还就绝交、忠言、献媚等交往中存在的问题做了详细的论说。在此，译者将不再赘述。值得一提的是，《论友谊》采用的是一种对话体的写作方法。而且假借的是古时的名人盖乌斯·莱利乌斯以及他的两个女婿范尼乌斯和斯卡沃拉的对话来完成的。这种文体颇似古希腊的苏格拉底和柏拉图。这种文体好处就在于：无论什么时代的人，解读起来都会倍觉轻松、可感、可亲、可信。是的，如果抛开时代背景和历史事件，我们受其智慧的教益，又岂止是友谊本身？

在我们人类所珍视的所有情感中，除了亲情和爱情之外，大概就是友情了。这种游离于血缘和婚姻之外的美好情感，总能给我们平凡的人生增添几分厚实，为我们宁静的心灵平添几分感动。没有友情滋润的生活，就像缺少养分的花草而显得孱弱无比、毫无生机。

《论友谊》虽然是两千年前的一部作品，但它其中的思想和观点对现今的我们仍然有着很大的指导意义。希望我们在沐浴先哲智慧光芒的同时，都能够拥有一份理智而又美好的友谊。

《论责任》同样写于公元前44年。它是以书信的形式写给他远在希腊学习的儿子玛尔库斯的。这部作品共分三卷。第一卷是道德上的“善”，第二卷是利，第三卷则是“义”和“利”的冲突。

第一卷通论道德上的“善”。在文章的开头部分，西塞罗便向我们讲述谈论道德责任的原因。他说，“在我们的生活中，无论是公众的，还是个人的，无论是只关系到自己的行为，还是只与别人有关的行为，这些都不会逃离于道德责任之外。”因此，所有具有德行的事情都是遵循道德责任的结果，相反，所有无德无行的事情都是背离道德责任的结果。第二卷主要向我们讲述利与道德上的正直以及“义”的关系问题，并批评把道德上的正直和利相割裂的理论。第三卷则着重论述“利”和“义”产生冲突时的选择问题。在全部三卷里，西塞罗从社会生活的方方面面到人类隐秘的内心世界，都做了精辟的论述。他一方面讲述历史事件，另一方面还探讨传统理念。

读《论责任》，应该关注以下几个突出的特点：

第一，西塞罗在责任的分类上，肯定并发展了帕内提乌斯的观点。帕内提乌斯认为，责任的实施应有三个前提：首先是看这种行为是否符合道德；然后看这种行为对自己是否有利；最后是要考虑当实施的有利行为与道德发生矛盾时，应该如何选择。西塞罗在肯定帕内提乌斯的观点的同时补充说，人们在对行为进行选择时，不仅要看它是否符合道德，而且还要看在那些符合道德的行为中哪些是最符合道德的；同样的道理，当有两种功利可供选择时，我们还要看哪种功利是最大的。

第二，具体分析并说明了所有能呈现善良道德的四种来源：一是全力而又聪明地探索和发展真理；二是维持一个有组织的社会，让每个人都担负一定的责任，并忠实地履行所承担的义务；三是具有一种崇高的、坚强的、永不屈服的伟大精神；四是言行举止稳而不乱，并能够控制自我。西塞罗指出，这四种来源虽然相互联系、彼此交织，但每一种都会产生与其对应的道德责任。在第一卷中，西塞罗用了很大的篇幅分别论述了以上四种来源，并论述责任是如何从这些来源中产生出来的，以及人们在履行这些责任中表现出来的各种美德。

第三，组织起大量、丰富和庞杂的内容充实一个看似简单的“责任”论题。比如在论述博爱时，结合到施惠的问题。再比如谈到勇气时，西塞罗又引申到伟大的灵魂和多舛的命运等。借此论证和平的功绩大于战争的功绩。在解决对外关系的问题上，西塞罗认为首先是谈判协商，再者才是战争，而且进行战争的唯一理由是我们能够重新生活在和平的环境下。

此外，西塞罗还用大量的例证，阐述了“自然”和“理性”保持和谐一致下应履行的责任。当然，这要基于一个前提：“欲望必须受到理性的控制，既不能让它脱离理性的指导，也不能让它沉迷下去”。《论责任》在批评把道德上的正直与利相割裂的理论的同时，还鲜明地指出，那种把诡诈当作智慧的认识是错误的。只有道德和正义而不是精明和诡诈才能达到人们的目的。随后，西塞罗论证了人的劳动和互助的重要性。可贵的是，西塞罗并没有被人的功用遮盖住自己的双眼，他在肯定人有积极作用的同时，还犀利地指出人对人的伤害是最可怕的，并以战争或革命与洪水之灾、瘟疫、饥荒以及野兽之害做对比来加以证明。

西塞罗认为，一个人要获取最高荣誉，就必须具备三个条件：人民爱戴、信任和敬慕。在谈到为国家和国民服务时，西塞罗提出了诸如“政府还应该竭力避免财产税的征收”、“利用国家职务之便而谋取私利的行为是最不道德、最可耻的事情”以及“一个政府要想继续支撑下去，莫过于保持自己的信誉”等观点。

西塞罗用斯多葛学派的观点，解释了道德责任有“一般”和“绝对”之分。人们通过自身的学习和善良的本性可以获得对“一般”责任的认知。但“义”却是“完满的和绝对的”，若非是智者，人们就不可能达到这种责任。

《论责任》是一部伦理著作。我们从它的字里行间不难体味到一个父亲对儿子的挚爱和他对国家的热爱。作品在体现了对后代人亲和力的同时，读者还可以从中感受到西塞罗独到的行文风格。在西塞罗看来，生活中没有责任的一览表，也没有用来普及并且传世的行为准则。《论责任》与中国儒家的道德准则相比较，显得更具体而翔实。

译　者

目 录

上篇 论友谊

下篇　论责任

上　篇

论友谊

引　子

占卜师奎因图斯·穆丘斯·斯卡沃拉（Quintus Mucius Scaevola）是盖乌斯·莱利乌斯[①]的女婿，他常常凭着自己的记忆绘声绘色地讲述他岳父的故事，而且每说到莱利乌斯时，他总是以“智者”来称呼他。

那是在我刚满16岁，也就是我刚穿上成人服饰的时候，我的父亲把我送到斯卡沃拉那里，他请求斯卡沃拉说，只要斯卡沃拉愿意让我待在他的身边，我将会永远不离开他——因为，他是一位德行与智慧两全的老人。就这样，我一直跟随斯卡沃拉，直到他去世，然后又去拜大祭司斯卡沃拉为师。在跟随斯卡沃拉期间，我从他那里学到了很多的东西。他简直就是一个智慧的化身。我的头脑有幸在他的教导下得到了充实。毫不夸张地讲，在我们国家，他无愧为最杰出的人。

至于大祭司斯卡沃拉，我以后再讲述。现在，我先讲述占卜师斯卡沃拉。和他在一起的所有经历中，有一件事我至今还难以忘怀。那天他如同往常一样坐在花园里的那个圆弧形的凳子上。我和他的几个

① 盖乌斯·莱利乌斯（Gaius Laelius）：约公元前200年，古罗马骑兵指挥官。

关系甚笃的朋友陪伴他谈话。他突然提到了当时人们都在议论纷纷的一件事——阿提库斯[①]出身富有的骑士家庭，他虽然同当时罗马的许多上层人物有联系，但他始终注意保持中立。和普布利乌斯·皮休斯（Publius Picius）之间的关系特别要好。你知道吗？他过去与执政官奎因图斯·庞培[②]的关系也很好，可是当他当上了护民官后，和奎因图斯·庞培的关系便迅速恶化，从密友变成了老死不相往来的敌人。大家说到这事时就群情激昂：有的人表示不解；有的人还感到愤怒。斯卡沃拉接着话茬，便向我们讲述了他的岳父莱利乌斯就友谊这个话题向他表明过的立场观点。

莱利乌斯是在阿菲瑞卡努斯刚去世没几天，就把自己的这些观点讲述给两个女婿斯卡沃拉和盖乌斯·范尼乌斯（Gaius Fannius）听的[③]他这次谈话的主要内容我还记得十分清楚，而且还对其进行过精心的整理。为了能使读者真切地感受到说话者身处的场景和增加影响力，尽量减少因为太多诸如“我说”“他说”之类艰涩的字眼所带来阅读的难度，以下，我便以直接对话的形式加以叙述。

阿提库斯，你原来曾提议让我写有关友谊方面的文章，我个人也觉得这是一个很有价值且很有意义的课题，再者，咱俩之间也有深厚的友情，基于这些方面的考虑，我决定答应你的要求，把我的东西写出来，并力求更多的人喜欢。

在我送给你的《论老年》的那篇文章中，我把加图（Cato）模拟

---

① 阿提库斯（Atticus）：公元前110？～前32年。

② 奎因图斯·庞培（Quintus Pompey）：公元前106～前48年，古罗马统帅，政治家。贵族出身。

③ 盖乌斯·范尼乌斯：莱利乌斯的另一个女婿，也是玛尔库斯·范尼乌斯的儿子。

作讲述者，那是因为我觉得让像加图那样既是长者、又有健壮的体格的人来讲述有关老年的话题是再适合不过的了。以此类推，由于莱利乌斯也是一位长者，也很健谈，在谈论友谊方面又有很深的功底，因此，将他仿拟为加图的谈话式，也是好让人接受的。莱利乌斯与普布利乌斯·西庇阿两人之间的友谊在当时已被人们传为佳话，而且事实上他们之间也没少讨论过有关友谊的话题。如果将此话题以假借古代名人的口吻来进行，其论述的分量和论断岂不更具权威性？

……

阿提乌斯，在你读这篇文章时，请你忘掉我的存在吧！你姑且就当那正是莱利乌斯在说话！

阿菲瑞卡努斯①去世后，莱利乌斯的两个女婿即范尼乌斯和斯卡沃拉来到他的面前。他们向莱利乌斯请教许多有关友谊方面的问题，莱利乌斯对此都不厌其烦地作了解答。我想在你阅读这篇文章时，或许你将能够从中寻到你自己的身影。（附《论友谊与责任》中部分人物间的关系图）

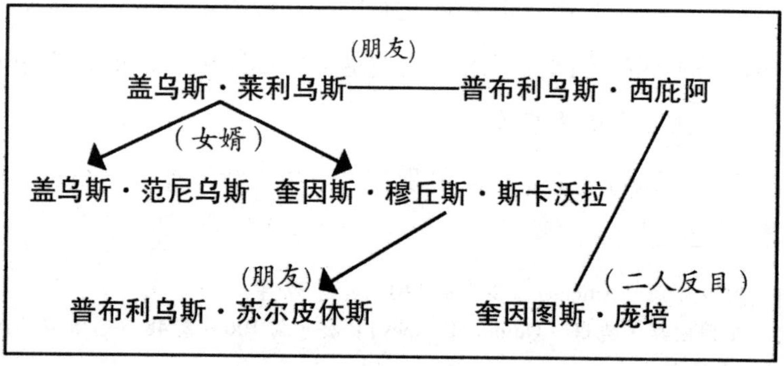

① 阿菲瑞卡努斯（Africanus）：公元前133年努曼提亚战争时的罗马统帅。

论友谊灵魂不朽

范尼乌斯：莱利乌斯，我们都承认阿菲瑞卡努斯确实是一位最杰出的人。不过，你应该知道，现在大家所关注的却是你。几乎没有人怀疑你那“智者”的美誉，尽管我们也知道，在以前这样一个尊贵的美誉也曾授予过加图，再往更早的时间追寻，我们还知道这个荣誉也曾授予过鲁修斯·阿提利乌斯①。

虽然他们两个都被称作“智者”，但基点却是有所不同的：阿提利乌斯是由于他笃于信民法而获此殊荣；加图则是凭借他有着丰富的经历、睿智的思维和卓有远见的判别能力，此外，还因为他经常在元老院和公众场合做了充满智慧的演说，才享有这一称号。我们再来看看你，你虽然和他们一样也享有“智者”殊荣，但你的殊荣不仅有着上苍赐予的德智，而且还因为你有着渊博的知识和勤奋的德行。换句话说，你的殊荣是有学之士们对你德才的肯定，而不是我们普通的人随随便便就可以给予的。从这个意义上说，你已经无愧为除苏格拉底之后整个希腊唯一可配得上这个称号的人（苏格拉底还被阿波罗的神谕宣为“最聪明的人”）。

---

① 鲁修斯·阿提利乌斯（Lucius Atilius）：公元前106年罗马执政官。

诚然，在那些无孔不入的批评家眼里，即使是那些被称作“七贤”的人，也没有资格荣享“智者”的美名。你已经在众人心目中为自己打造了一个“独立个体”的智慧形象，以致外界所发生的任何变化（哪怕是机遇）都不会对你构成任何影响。所有的人都十分敬重你高尚的德行。因此常有人这样问我（或许斯卡沃拉也遇到过类似的问式）：“你是怎样面对阿菲瑞卡努斯的去世的？”还有人对我没有参加在这个月 7 日那天占卜师德西姆斯·布卢图斯（Decimus Brutus）举行的例会感到好奇和惊讶。因为在人们印象里，我向来是不失约的。

斯卡沃拉：的确是这样，我也遇到了类似的询问。我是根据我自己的观察来答复他们的。我对他们说：阿菲瑞卡努斯是一位杰出的人物，而且他还是你的挚友，以你那温和的性格，他的逝世不可能不让你悲痛，但是，你是能够节制自己的哀伤的。不过我还告诉他们，你的失约不是因为内心的悲伤，而是由于当时你有病在身。

莱利乌斯：谢谢你的回答——我的斯卡沃拉。我当时确实是生了病，否则，我是从来不会，也没有权利找任何的理由，来违背自己一向所奉行的友情职责。任何一个恪守职责的人都不会拿“坚持原则”这四个字开玩笑。范尼乌斯，你说我被大家称为“智者”，这恐怕只是你对我的一种偏爱吧——说实话，我对这个荣誉真有点儿受宠若惊，而且我还认为你刚才对加图的评价是不太公平的。尽管这个世界上真正的智者十分难求，但如果要我找到一个的话，那就非加图莫属。别的不说，单就加图在失去自己亲生儿子时忍受着的那份痛苦，就可以说明一切。我还依稀记得保鲁斯①和曾经谋过面的加鲁斯②，

---

① 保鲁斯（Paulus）：小西庇阿的生父，马其顿人的征服者。

② 加鲁斯（Gallus）：公元前 166 年为罗马执政官。

他们和加图一样，都承受了失去了自己的儿子的不幸。但不同的是，保鲁斯和加鲁斯的儿子都是在小的时候夭折的，而加图的儿子则已经是一个成人，而且是正值功成名就时死去的。从这个意义上说，保鲁斯、加鲁斯两个人与加图根本就没有可比性。再说那个曾被阿波罗的神谕宣示为“最聪明的人”的苏格拉底，他同样不能居于加图之上。如果说苏格拉底是以善于言辞而著称的话，那么加图则是因高尚的品德才流芳于世。

现在说说我自己。如果我说我对西庇阿的去世没有任何悲伤的感觉，为了想让你们充分相信我的话，那么我就必须找来能言善辩的哲学家来为我的态度进行辩护。但事实上我这完全是在撒谎。因为我不可能不悲伤。像西庇阿这样的朋友，在以后我很可能再也遇不到了。我想，即使我在这以前不曾有过像西庇阿这样的朋友，我依然能够自行化解我的这份悲恸，根本不需要什么药物。一般人往往会因为失去朋友而一蹶不振，我绝不会犯这样的错误。

我的理解是：西庇阿的去世对他本人来说并不是一件痛苦的事情，如果真要说有什么痛苦的话，那只能是我自己的事；如果你真会为这种不幸而痛苦的话，那么这种痛苦也只能表明：你爱的恰恰是你自己，而不是你的朋友。

谁也不敢否认，西庇阿这一生生活得十分精彩。世人所期望得到的东西他都得到了。除非他想长生不老。况且，他也不会也不可能有这种想法。

西庇阿从小就聪颖过人，大人们对他自然也就寄予了厚望。长大后他果然不负众望，虽然他没有参加执政官的选举，但却因为他才华横溢而两次当选为执政官。他第一次当选时还没有到达法定的年龄，第二次虽然年龄没什么问题，但站在国家利益角度上说，是有些迟了。在他担当执政官期间，曾为帝国攻克了两个劲敌，这一成功不但平息了当时的战争，而且还扫清了将来可能发生战争的隐患。他在为人处事方面的随和态度也是有口皆碑的。他一如既往地对母亲尽孝道，对姐妹慷慨解囊，对亲戚宽宏大量，那么对朋友呢？我想这一点已是路人皆知，我就不用再多说了。

这么好的人，如果能让他多活几年的话，岂不是大家的幸事？我们单从他的葬礼上就可以感受到国人对他是多么的难舍和敬重！无疑，老年对他人来说应该不算什么问题（老加图在去世的两年前也曾这样对我和西庇阿说过），但它毕竟或多或少地还是有损于西庇阿至死仍具有的那种英气。我觉得西庇阿的一生是既幸福又幸运的一生。他活着的时候得到了他应该得到的所有荣誉，而他的溘然长逝也使他免受了死神对他的折磨，他不必再忍受痛苦。至于他的死因，我就不得而知了。

大家都听到过很多的传言。这些我并不关心，我关心的是西庇阿确确实实是给我们留下了度过快乐一生的榜样，而他去世前的那一天则是他最快乐的时候——那天在元老院散会以后，他是在众多议员、罗马市民、同盟者及拉丁朋友的簇拥下回家的。由此我们不难看出，死前享受如此待遇的他，死后必然会进入天堂而绝非地狱。

我不承认自己是现代的哲学家。因为代表现代哲学观点的看法是：人类的灵魂是与肉体共存亡的。人一旦死亡，他的包括灵魂在内的一切东西将不复存在。我对这种观点真不敢苟同，也许是我受到了古代思想的影响之故，我似乎更看重我们的祖先为死去的人举行隆重的葬礼的仪式。我想如果他们也相信肉体与灵魂一起消亡的话，那他们就不会这样做了。我只能对现代哲学家们持一种敬畏的态度。我知道当年有许多的哲学家都曾经来这个地方造访，他们还在希腊讲授他们的思想，那时的希腊曾一度的繁荣，现在再也看不到那番景象了。也许我是受到了那个被阿波罗神谕宣示为“最聪明的人”的影响，他主张：人有灵魂而且是神圣的，它一旦脱离肉体便会升入天堂，而那些品德高尚、公正的灵魂更是最容易升入天堂的（多数的哲学家并不赞成这种主张）。西庇阿也认同这种观点。在他逝世的前几天，他还与菲鲁斯（Philus）、曼利乌斯（Manlius）[①] 等人谈论了三天的国事——这似乎正表明他已经预感到了什么。

斯卡沃拉，你应该还记得我也曾经带你去过西庇阿那里。在他谈论的内容中，最后的部分就是有关灵魂永恒的演说。当时他很认真地说，阿菲瑞卡努斯曾托梦给他——如果说善良的人的灵魂最容易脱离肉体而升入天堂的话，那么再也没有谁能比得上西庇阿更先升天了。我笃信他的话。我觉得谁要是为西庇阿的逝世而悲伤的话，那大有可能不是出于友谊，而是出于嫉妒。

假如事情不是这样，亦即灵魂与肉体同归于消亡，知觉也就没有了。当然，死亡既不是什么好的事情，但也未必就是什么可怕的事。

既然人死后就没了任何知觉，那就当他从没有出生过好了。不过这只能算是概念上的理解，事实上我们仍不得不承认这个人曾经活生生地存在于我们身边这样一个现实，而且他的存在，无论对于朋友还是这个国家都带来过不尽的欢乐。因此，正像我在前面说过的那样，西庇阿的一生应该是很幸运的一生。

---

① 菲鲁斯、曼利乌斯等，都是公元前1世纪古罗马元老院的官员。

我比西庇阿出生得早，但他却比我去世的早——这么一相比，我就觉得自愧弗如了。不过当我回味起我们之间所建立起来并维持一生的快乐友谊，我就觉得我也是个很幸福的人。我和他一起去了罗马，后来又一起去参军；我们在生活的各个方面都相互帮助，而且在志趣和对事物的看法上都非常的一致——这些都是促成我俩能够建立友谊的主要因素。

尊敬的范尼乌斯，你刚才冠予我智慧上的殊荣，特别是赐我以“智者”的称呼，我确实收受不起这么伟大的抬举。我唯一感到欣慰的是我还能长久地回忆起我们之间的友谊。历史上能被人们赞不绝口的友谊也就只有三四对，我现在特别在乎的是，我和西庇阿之间的友谊能否也被后人传唱。

论友谊的属性

范尼乌斯：当然了，你们之间的友谊也一定会被世人所传唱的。莱利乌斯，既然你提到了友谊，恰好我们现在没有别的事情，你不妨趁此给我们讲讲友谊的问题。我想，你要是能够像往常谈论其他问题一样给我们表述一下友谊在你的心目中的性质和建立友谊应该遵循的原则，那斯卡沃拉也一定不会反对我的这项提议。

斯卡沃拉：我完全赞成。我自己也正有这样一种想法，只是被范尼乌斯先提了出来而已。这说明我们两个都有这种迫切愿望，莱利乌斯，你乐意给我们讲这个问题吗？

莱利乌斯：如果我认为我有能力回答这个话题，我肯定不会拒绝你们的提问。但你们要知道，这是一个很高雅的话题，没有充足的把握，我有什么资格在大家面前班门弄斧呢？即使像范尼乌斯所说，我们今天算是闲聊。

我认为你们提的问题完全属于哲学领域。只有希腊哲学家们才有能力来回答。对他们来说，什么样的话题都可以被详尽地论说。这个话题本身就很难，没有长期的训练是很难应对的。你要想听到关于这个话题的精当论述，就应该找那些有这方面才能的人。至于我嘛，充其量也只能发表一个肤浅的观点：友谊是我们一生中首要的事情，它是最切合我们天性的东西。换句话说，无论我们的生活顺利与否，它都是我们必不可少的东西。

如果实在要我对友谊的性质说些什么，我就只有一句话：友谊只能存在于好人之间。对于这一性质，我并不能像哲学家们那样严格明确自己的定义，并要求别人遵此执行。他们的做法也许是对的，但我自己认为那未必是放之四海而皆准。我所说的哲学家，是那些认为除了“智者”外就没有什么好人的人。他们的说法只能在狭义上成立，毕竟，平凡的人不具备他们所说的那种所谓的“智慧”。我们看待问题必须从实际出发而不能凭空想象。即使按照他们的定义，我也不认同我们的祖先将曼尼乌斯·库瑞乌斯①：和提贝瑞乌斯·科伦坎尼乌

① 曼尼乌斯·库瑞乌斯（Manius Curius）：公元前？～前272年，平民监察官，也是相当有名的被当作罗马人典范的人物。

斯[1]等人称为“智者”。还是请他们收回对智慧的定义吧——没有人会喜欢它们。只要他们能够承认上面的这些人都是好人，我就满足了。遗憾的是，他们并不承认这一点。在他们眼里，除了智者，任何人都没有资格被称为好人。既然如此，就不管他们了，就让我们以俗话上说的“天生浅陋的智慧”来策励自己吧。

需要补充的是，我所说的好人是指那些有着高尚的、公正的、纯洁的、大方的言行和生活的人。他们从不贪婪、从不淫秽，始终高雅。对于自己认定的事情，他们会义无反顾地坚持到底。我在上面提到的那些人都可以被称为好人。他们都是些尽其所能地遵从自然原则的人。什么叫自然原则？自然原则就是引领我们走向善良的一种天赐指针。

我认为在我们的生活中存在着这样一个清晰的真理，也就是我们共存于这个世界，彼此之间会自觉地形成一种人际关系链，这种关系链将大家的利益维系在一起，也会因我们的亲近感的加深而更加牢固。正缘于此，我们才会更加喜爱自己的同胞而非不速之客，更加喜爱自己的亲友而非陌生的人。我们会异常珍惜与我们的同胞乃至亲友之间建立起来的友谊。尽管这种友谊可能不会旷日持久。我还想表达的一个思想，那就是友谊胜过亲情。因为在亲戚之间可以不存在感情，但友谊绝对离不开感情。假如两者都没有了感情的因子，亲戚仍可以是亲戚，但友谊则就不复存在了。

我们姑且可以对以上二者定义做一下比较：亲戚关系——联结人类遗传关系的一种自然血缘链——它的存在不受空间的限制；友谊关

---

① 提贝瑞乌斯·科伦坎尼乌斯（Tiberius Coruncanius）：生平不详，古罗马第一位平民派主教。

系——联结人与人之间情缘投合的一种行为链——它往往被限定在很狭小的范围内。友谊的情感非常集中地存在于两个人，或者至多几个人之间。

现在我就来归纳一下我个人的友谊观：在有关人和神的看法上，有着一致的观点，并且相互关爱和亲善。在神灵赋予我们人类最好的礼物中，除了智慧就是友谊了。有些人喜欢金钱，有些人喜欢健康，有些人喜欢权力，有些人喜欢做官，当然也有些人喜欢寻求感官的快乐。寻求感官的快乐那只是动物的理想，不值一提；至于其他的各种喜好，也都非常脆弱，他们都依赖于变幻无常的命运支配，而不是靠个人的聪明才智去拼搏。有些人认为德行是“最美好的东西”——这种见解正是我之所求。实际上，友谊正是依赖于良好的德行，才能得到孕育和受到保护，离开了德行，友谊也就荡然无存了。

我再强调一下，还是让我们按照最普通的定义来解读德行吧——不要再用那些曲高和寡的语言来修饰或界定它了。我们为什么不能把保鲁斯、加图、加鲁斯、西庇阿、菲鲁斯等有德行的人全都看作是好人呢？在我们平凡的生活中，他们已经算是很优秀的人了，我们再去找寻其他完美的人，那就无异于自寻烦恼！

对于刚才我们所说的那几个人来说，友谊在他们身上的益处是显而易见的。按照恩尼乌斯[①]的说法，如果我们的生活没有由友谊而产生的那种和善与亲近，那么人活着便没有什么意义了。一个人有了值得信赖的朋友，以至与对方说话就如同与自己说话一般毫无保留，那真是再快乐不过的事。如果你有了成功的快乐，却没有友人与你分享

---

① 恩尼乌斯（Ennius）：罗马共和时期的一位作家，他被后世认为是罗马诗歌之父。

这份快乐，那么你的成功自然要打一半的折扣；如果你有了痛苦和忧愁，却也没有人与你分担，那么你岂不更惨？

归根结底，人们其他的喜好都只有单一的目的。比如，追逐金钱是为了享用；追逐权力是为了受人尊崇；追逐官职是为了脸面有光；追逐娱乐是为了获得感官的快乐；而祈求健康则是为了免受疾苦并能够更好地发挥肢体的机能。但友谊的益处却是不胜枚举的。它始终不离地伴随着你的一生，永远不会给你带来什么麻烦，更不会使你对它厌烦。

用句俗语来讲，火和水是人们生活当中最重要的，但友谊却比水与火更重要。我们在这里所说的友谊，并不是那种经过培植的和普通的友谊（尽管这种友谊也会为人们带来快乐和好处），而是那种纯净的、无私的友谊。这种友谊只存在于极少的伟人之间。是友谊为名人们减少了失败的烦恼，并为他们的事业增添了成功的筹码。

友谊是举世公认的好东西。它既为我们的生活注入了信心和力量，又能让我们对未来充满希望。一个能拥有一个真正朋友的人，就像拥有了另一个形影相随的自我。从这个意义上说，朋友就是合力。在这种合力下，一个人富有，另一个人也不会贫穷；一个人强大，另一个人也不会软弱。即使一个人去世了，另一个人仍将会在对朋友的回忆中体尝到人生的快乐。对于最后的这一种的说法，许多人会觉得不明白，这正是许多人交友交得并不到真正意义上的朋友之故。真正意义上的朋友去世时会把朋友的哀悼、缅怀和敬仰一一带走，因此，友谊不但减少了我们对死亡的恐惧，同时也给我们的生活增添不尽的乐趣。

相反，如果我们的生活离开了友谊——这种美好而又珍贵的情感，那么我们的家庭和城邦将不复存在，我们的土地也将无法耕种。诸位，如果你们对我关于友谊的陈述还无法理解的话，就请你们想象一下，假如我们彼此之间只有仇恨和争斗，其后果就不言而喻了。试想，在这个世界上有哪个家庭或国家能抵抗得住仇恨和分裂势力的破坏？由此可见，友谊之重，重于一切啊！

在阿格利琴托[1]有一位哲学家，听说他在一首诗歌里曾以一个预言家的口吻说出这样一个道理：在茫茫宇宙中，那些永恒不变的是事物都是因为有了友谊的力量才得以维系，而那些瞬息万变的事物则是由于相互排挤和争斗才导致的。相信这个道理大家都早已知晓。当一个人在朋友出现危机的时候能够挺身而出，不图回报地与朋友一道共渡难关，我们还有什么理由不欢迎他呢？举个例子：我有一个名叫帕葵乌斯的朋友，在他写的一部戏剧中，曾有一幕很受观众喜闻乐见。这一幕的剧情是这样的：国王分不清面前的两个人中谁是自己将要问斩的奥勒斯特斯[2]，其中奥勒斯特斯的朋友自称自己是奥勒斯特斯并愿意为他而死，而奥勒斯特斯也辩称自己才是国王真正要斩首的人。当时这一情节赢得了观众经久不息的掌声，不少人还激动地站了起来。这个故事无疑是虚构出来的，这正说明现实生活中的友谊实在难求。试想，如果这是一个真实的故事的话，人们又会被感动成什么样子呢？很显然，真正的友谊——是人们自然情感的真实流露。也许很多人的心底里并未对自己有过这样的要求，但当别人这样做时，他们一样会受到感动。

诸位，关于友谊方面的话题是很多的，但我觉得我已经没什么要

---

① 西西里岛的一座城市。

② 奥勒斯特斯（Orestes）：阿伽门农和克吕泰墨涅斯的儿子。

说的了，实在抱歉得很。如果你们还有兴趣听的话，那么就请你们去找那些专门研究和讨论这个问题的人。

论友谊源于爱

范尼乌斯：我们也常常去请教你提到的那些人，也聆听过他们有关友谊方面的谈论，但我们还是认为你讲的更有自己的特色，因此也更吸引人。

斯卡沃拉：范尼乌斯，前几天在西庇阿的乡村别墅进行了一场有关国家问题的讨论。如果当时你也在场的话，那你很可能会这么说：当时莱利乌斯毅然站在正义的立场，驳斥菲鲁斯的各种诡辩。他真让人敬佩！

范尼乌斯：我认为，对于自身就代表着正义的人来说，去坚持正义是很容易而且又是很自然的事情。

斯卡沃拉：依你看来，究竟谁能算得上对友谊最忠诚、最认真、最执着的呢？究竟谁现在因友谊而享有盛名呢？我坚持认为只有这样的人才更有资格和能力来谈论友谊。

莱利乌斯：你们两个这不是在唱着双簧要挟我吗？咳，看来，今天我要是想拒绝你们这两个女婿的要求是很难的了。既然如此，那我就往下说吧。

在讨论友谊这个话题时，我就曾想过，人们应该思考这样一个问题：我们渴求友谊的原因是什么？是因为自己太软弱或者太无助吗？是为了弥补自己的不足以使自己在某一方面受益？还是说我们对友谊的需求完全是出于某种原始的性情（它在时间上可以追溯到远古，在性质上无比崇高）？

我们先来看一看友谊这个词的来源。友谊之词源自拉丁词（amicitia），从单词的词性看，它是由爱（amor）这个词派生出来的。爱是人与人之间彼此产生感情的原始动因。在现实中，虽然有些人用了些伎俩和手段骗取了别人的好感和尊重，或者从对方身上获得了物质等方面的利益。但对于友谊自身的意义而言，它是容不下丝毫的虚伪和矫情的。它的产生是完全处在自发、自然而又真诚的状态下。

所以，我更认同友谊的产生是缘于人类的一种原始的性情的说法，至于它是内心的一种求助受惠的愿望之说，我真不敢苟同。

原始的性情也可以在一些动物的身上反映出来——它们在一定的时间内总是很关爱它们的后代，而它们的后代也很敬爱它们。这种情感是与生俱来的东西。而我们人类则更是有过之而无不及：比如父母与子女之间的情感是一种很纯真的感情，除非出现不正常的大变故，这种情感通常是不会破裂的。

另外，当我们发现某个人与我们的脾性很相近时，我们会很自然地对他产生一种莫名的亲近的情结，这叫在对方身上反衬到自己的美德，这种美德会使我们自身显得更可爱。当对方对你也产生这种感觉时，很可能双方以美德为介的友谊就这样产生了。

在美德这个意义下，友谊未必是必须经过双方谋面的。倘若一个人很有美德，我们就会对他自然产生好感。比如我们对待盖乌斯·法布瑞修斯（Gaius Fabricius）和曼尼乌斯·库瑞乌斯，就会产生这种情感。相反，对于塔尔奎因乌斯·苏帕布斯（Tarquinius Superbus）、斯普瑞乌斯·卡修斯（Spurius Cassius）以及斯普瑞乌斯·梅利乌斯（Spurius Maelius），我们的心中就只有仇恨。再比如我们在进行帝国保卫战时，曾经和皮勒斯、汉尼巴这两位意大利将军交战过，但由于前者较为正直，我们和他并没有结下多大的仇恨，而后者则是个十分残暴的家伙，我们的国人永远仇恨他。

正直的人对我们的吸引力之大是难以抗拒的，他使我们因为喜欢正直而不讲求彼此是否谋面，甚至还会包容与我们结下的仇，那么，我们对那些与我们比较熟悉而且善良有美德的人之喜爱就更不在话下了。

谁也不会否认，如果我们从某个人那里得到有益的帮助，或者感觉到对方有想为我们提供帮助的愿望，以及彼此之间有很密切的交往，这些因素都会勾起我们对他的喜爱之情，倘若这些因素和我在前面所说的那种原始的性情综合在一起，那么我们必然会增添更多的喜爱。

假如有人把这种喜爱之情说成是缘于软弱，并只希望得到对方的帮助，那么我就敢这么说：他把这种情感的来源指认在一种窘迫的困境之中。

应该说，这种人产生友谊的动机是有瑕疵的，他的出身也是低贱的。我们姑且把他们认为的“一个人越窘困就越渴望得到友谊”看作是对的，那么我们反观一下事实，就会知道根本不是这么一回事。

一个自信的人，一个有德行的人，一个完全能够独立自主的人，恰恰正是在这个不需要帮助的时候，他对友谊的渴求之欲是最大的，对友谊的珍重之情也是最深的。

就拿我和阿菲瑞卡努斯来说吧，他对我有什么渴求吗？没有。同样我对他也没有什么渴求，但我就是喜爱他；而他对我的喜爱，也许正是出于他对我的性格产生好感之故。

我们在频繁的交往中加深了彼此间的友谊。不否认，我们的友谊为我们双方都产生了诸多物质上的好处，但我们交往和喜爱的初衷并不在于此。

这也正如我们行善，我们的目的不是期望享受恩泽或回报，更不是把自己的付出当成生活中的一种感情投资，而仅仅是我们善良的本性和大方的气质使然。

我说这些话的目的就是要告诉人们：我们对友谊的渴求不能只囿于日后得到对方的回报，我们必须坚信，友谊对我们产生的恩惠始终融在彼此的情感交流之中。

当然，对那些对追求感官上快感乐此不疲的人来说，他们对友谊的评价和我们对友谊的认同自然有着天壤之别。这种差别不足为奇。但对于那些自身品格就很卑劣的人来讲，若是要求他们对友谊有什么高尚的见解，这本身就是很荒唐的事。我实在懒得在这种人身上浪费口舌。

让我们还是一起来接受这样一种定论：面对一个正直的人，我们对他们都会产生发自内心的喜爱之情。当人们有了一个喜爱的对象时，同样也是出于自然，而会向对方接近，渐渐地也会被对方所接受。

在这样的一个过程中，双方都有这样的一个目的：彼此在平等的层面上相互尊敬和关爱，在情感上互为潜移默化，并都希望给对方提供力所能及的帮助而不求回报。如果双方在相互给予的基础上进行竞争，则会使彼此更加真诚。我们必须承认，友谊会使我们得到最大的物质好处，但当这种友谊是源自我们内心的本性冲动、而非利益需求时，它会更加崇高而切合实际。源于对利益渴求的友谊，这种友谊就会因利益方面任何的丁点变化而消亡。本性难移，真诚的友谊同样也不会轻易被摧毁。

好了，关于友谊起源的问题我已经讲了很多，想必你们已听得不耐烦了吧。

论友谊与道义的悖逆

范尼乌斯：不，你还是讲下去吧，我这是代表我在这里的朋友（斯卡沃拉）说话，我比他大，我有权这么请求。莱利乌斯，让我们休息一下，然后你继续吧。

斯卡沃拉：范尼乌斯，你说的很对，我们正听得兴头上呢，应该请他继续讲下去。

莱利乌斯：既然如此，那我就恭敬不如从命了。朋友们，下面我所要讲的，就是我和西庇阿在谈论友谊时常常提到的一些观点。首先，我要告诉你们的是：西庇阿常说，在这个世界上，始终如一地保持友谊是最难的事情。因为在朋友之间常常会发生诸如利益冲突、政见相左、性格发生变化等影响友情的事（其中，性格发生变化可能是由于遇过挫折，也可能是年龄增长的缘故）。他还常常用儿童时期的标准来说明这个问题，孰知儿童之间的友谊往往会随他们的童装的脱去而一起被丢弃。如果这种友谊被保持到青年时代，那就很可能因为彼此对情人的争夺或利益的争夺而出现感情破裂；即使这种友谊能延续到青年之后，也可能会因两人都为争夺某一个仅有的职位而你死我活。

总之，欲望是拆散朋友的罪魁祸首。贪图钱财是破坏友谊的劲敌，但对于那些上层的人物来说，最致命的因素是对功名的争夺，这往往导致原来最亲密的朋友瞬间就变成不共戴天的敌人。

其次是信念相佐而使朋友反目成仇。即一方要求另一方去做被对方认为是违背道德的事情而被拒绝。这种情况很有可能会伤感情。比如有些人以朋友的名义要求朋友去怂恿别人产生邪恶的欲念，或者要求朋友协助他去做伤天害理的事——对方一旦拒绝，就很容易被朋友指责为不够朋友。

尽管这种拒绝行为是无可厚非的，但摩擦却已经发生了。反过来，那些肆意要求朋友去做坏事的人，从表象上看很像是鼓动朋友为了朋友而肝胆涂地，但实质上却是不折不扣的害人。有许多友谊危机的出现，正是出于这种始因。双方友情关系一旦出现破裂，“化友为敌”就在所难免了。西庇阿在讨论这个问题时就说“这种现象简直就是友谊的灾难。要想躲避这种灾难，一要靠智慧，二要靠运气”。

如果大家愿意听，我还将继续为这个话题找些必要的论据。我经常在想，在友谊中，个人的情感到底能起多大的作用？

我们不妨假设柯瑞奥兰乌斯（Coriolanus）的那些朋友，他们是否应该和他一起去侵犯别的国家？再比如维色琳乌斯（Vecellinus）或斯普瑞乌斯·梅利乌斯，是不是他们的朋友都应该和他们一起去篡夺王位？

我们知道，在提贝瑞乌斯·格拉古斯（Tiberius Gracchus）图谋造反时，一些与他年龄相仿的朋友以及昆图斯·图贝罗（Quintus Tubero）都纷纷弃他而去，可是斯卡沃拉，你那个叫库迈的盖乌斯·伯劳修斯（Gaius Blossius）的朋友却追随了他。凭着当时我是莱努斯（Laenus）和路皮利乌斯[①]：的顾问的职位，我负责对所有的谋反者进行了审问，盖乌斯·伯劳修斯乞求我的宽恕，他自我辩解说，他是太崇拜提贝瑞乌斯·格拉古斯了，所以才听从了他的召唤。

我问他："如果他要你到朱比特神殿去放火，你也去做吗？"

他回答说："他决不会叫我去干这种事的。"

我又问："假如他真叫你去做这种事呢？"

你们猜猜他是怎么回答的——"那我也会去做的。"

你们看看，他的罪恶是多么的深重！而他的行为比他的言语的罪恶更深重！因为事实上他并非只是提贝瑞乌斯·格拉古斯安排的耳提面命者，而且他还是一个主谋，一个领导者。他自以为是的做法使他必须得到这样可悲的下场：他因害怕被特别法庭审讯而逃奔到亚细亚，归降于敌人，结果因背叛国家而遭到应有的惩罚。

这个事例就告诉我们这样一个道理：为了朋友而去犯罪，这不是

---

① 路皮利乌斯（Rupilius）：公元前 143 年罗马共和国执政官。

一个正当的理由。友谊的存在是以朋友负有美德为前提的，如果朋友丢弃了他的美德，那么友谊也就很难存在下去了。在现实生活中，如果我们假定朋友之间应该做到有求必应的话，那必须是只在美德这个前提之下。问题是，我们现实生活当中，具有这种完善的美德的人少之又少，我们都是再平凡不过的人，因而用这种标准要求每一个人真是难乎其难。

像这种例子也有很多。我想尽量找一些贴近我们生活智慧的人和事……①

说了这么多，仍是为一句话服务。如果可以把这句话称为友谊规则的话，那么这个规则就是：不要要求你的朋友去做坏事，如果你的朋友要你去做坏事，也不要答应。“为了友谊”不是随意可以乱用的，更不能用这样的措辞为自己做坏事找理由——人们也不会因此原谅你。这条规则对一切不道德的行为尤其是那些叛国者的惩戒而言一概适用。

亲爱的范尼乌斯和斯卡沃拉，我之所以跟你们谈这么多，是因为我们的国家现在面临的形势很严峻。我们必须提高警惕，防止扰乱国家事件的发生。

我们现在的政治制度已经有些背离常规，甚至偏离了我们祖先给我们制定的道路了。

比如提贝瑞乌斯·格拉古斯曾经觊觎过相当于国王的权位，他曾经掌握过这样的权力长达几个月。

试问我们的人民在以前听说过这样的事情吗？

---

① 译注：略文400字

遗憾的是，在提贝瑞乌斯·格拉古斯死后，他的那些追随者又犯下了滔天罪行：他们把西庇阿给杀害了。

一想到这件事，我就会痛苦地流泪。

现在提贝瑞乌斯·格拉古斯已经受到了应有的惩罚，他的追随者盖乌斯·卡波[①]也只不过是强弩之末，但我们应该看到，让盖乌斯·格拉古[②]当护民官则是一件很危险的事情。

一件坏事一旦泛滥，众多的坏事就会接踵而至。

如果我们在错误的道路上迈出了第一步，那我们就会迅速地滑向深渊，以至覆水难收。比如在投票这件事上，我们先是有了犯众怒的加比尼亚法案，两年后又有了变本加厉的卡西亚法案——我们隐隐看到：法案已经给我们带来了很大的灾难；民众与元老院越来越疏远，现在一些重大的事情往往由民众裁决。但现在的民众中，知道怎样干无德的事的人比知道如何制止这类事情的人还要多。也就是说，干无德的事的人已经有很多朋友的帮忙；相反，那些善良的有德行的人，反倒“得道寡助”。

我要提醒的是：如果你原先已经和无德的人交上了朋友，那就应该尽快地和他们断绝来往，不要再顾及什么情面了。对于那些邪恶的人来说，惩罚是他们最害怕的——不论是随从者还是主事者，我们对他们都应该严惩不贷。在希腊，敢说再没有人能比底米斯托克勒斯（Themistocles）更有威力了——他曾在波斯战争中率军奋战，为解救希腊立下了

---

① 盖乌斯·卡波（Gaius Carbo）：约公元前？～前86年，罗马元老院官员。

② 盖乌斯·格拉古：公元前153～前121年，公元前123和公元前122年任罗马保民官。他提出了一系列改革方案，公元前121年，反对改革的元老贵族杀害了盖乌斯及其追随者3000余众。但盖乌斯提出的法案大多保留了下来。

汗马功劳——可是，后来他因嫉妒而遭受放逐，他不服国家对他的宣判，结果他正如20年前我们国家的柯瑞奥兰乌斯一样，走上了叛国之路。他们的行径没有得到朋友的响应，他们最后都自杀了。

那些以“为了朋友”为措辞进行邪恶活动的人，不但不能得到人们的原谅，而且还应该受到最严厉的惩罚。这就可以让大家都能得到一种教育：千万不可以在朋友中结党营私，背叛自己的国家。鉴于眼下我们国家的状况，我有一种不祥的预感，总觉得这种事早晚会发生。我现在担心的不仅仅是国家的现在，而且还担心国家的未来。

我很想在我们当中立下这样一条规律：只要求朋友做好事，也只为朋友做好事。为朋友做好事需要的是主动的热心的精神，不要等到朋友向我们发出请求时才被动地去做。同时，对朋友的一些不义之举，我们应该有勇气提出劝告，甚至是尖锐的批评；同时我们还应该有度量接受朋友给予我们的批评和劝告。唯有这样缔结的友谊，才是最好的朋友。

论智者的“友谊困惑”

我在上面给你们提到一些规则，是因为我听到在希腊一些有名的智者竟然提出一些让我感到匪夷所思的“智见”：切忌结交亲密的友谊，否则，你将不得不为几个人分担忧愁。

他们认为一个人本身就有诸多的烦恼，如果再为别人分担烦恼，那就太痛苦了。在他们看来，最聪明的做法就是把友谊的绳索尽量地放长一些，这样便可以随意地进行松紧，最大限度地减少不必要的烦恼，才能获得最大的幸福。还有一些人的观点不近人性到了让我咋舌的地步。他们认为人们寻求友谊纯粹是为了获得他人的帮助，人越是窘迫和无助就越是需要友谊。比如柔弱的妇女就比男子更需要友谊；不幸的人就比幸运的人更希望友谊。这种看似清高无比的哲学，实质上就是完全否认了情感上的动机和喜爱。

一个人如果把真正的友谊从自己的生活中赶出，就无异于拒绝阳光。友谊之于我们来说，它是诸神赐予我们的最珍贵、最美好、最让人快乐的礼物。

现在先让我们考察一下所谓智者的如上两种论调：一则主张“免除忧虑”者，其价值意义乍听起来似乎有些道理，但一经推敲，就能感觉出所谓的智者究竟有多愚蠢了。

谁都应该明白，一个人不可能为了免除忧虑而拒绝道义上要求我们必须去做的事情，或者虽然去做了，但也不可能不追求什么结果。回避忧虑本身就是在躲避道德本身。道德在排斥和反对与其自身相反的事情时，必然会给我们带来某种烦恼和忧虑。

社会现实是这样的：正义者最痛恨邪恶者；勇敢者最鄙夷怯懦者；律己者最讨厌放荡者。由此类推，疾恶如仇和乐于行善自然也是正直的人的性格特征。于是一个难以回避的问题出来了：既然连圣贤们都免不了烦恼和忧虑（除非他们无人性，否则，苦恼在所难免），我们这些凡夫俗子为什么还生怕友谊给我们带来烦恼，而将其驱除到自己的生活之外呢？如果一个人把自己的情感封闭起来，那么这个人与石头、木头以及其他类似于静物的东西还有什么不同呢?

当然，我们也不应该相信那种把美德看成是铁板一块、僵死的学说。实际上，美德在友谊上是一个弹性和敏锐兼具的东西。它会随着友情程度的变化而发生相应的变化。尽管人类最基本的美德或多或少地会给我们带来某种困惑，但我们不能因为友谊会给我们带来某些困惑而不关注美德的修炼，也不能因为友情发生变化而使我们面临某些困惑甚至精神上的苦恼，而把友谊赶出我们生活。

我觉得我有必要在这里再强调一下：人类的美德总是与人类本身具有同样品质的心灵如影随形。友谊的基调也正缘于此。人类对美德的喜爱之心更是毋庸置疑。

在这个世界上，没有什么比这样的做法更荒唐的了：只喜爱不会有任何反映的东西（比如官位、华彩、珠宝等），而要放弃能够回报我们同样有德行、有仁爱之情的朋友。最让人愉悦的事莫过于人与人之间的互爱互助。如果我说“物以类聚”在友谊上体现得很明显的话，那我想一定会有许多人赞成。

事实就是如此：好人乐于接近好人，好人与好人交往——在他们之间似乎有着天然的血缘般的关系。我们人类确实存在着和自己相近的事物自然产生亲近与接纳的情结。亲爱的范尼乌斯和斯卡沃拉，我们应该承认这种现象是真实的，好人与好人之间自然产生的那种友好情感，正是友谊存在的天性之源泉。这种情感会影响很多人，它不是一种冷傲、自私的美德。将它发扬光大，它定能为我们造福，甚至能保护我们的民族。反过来说，如果美德脱离了民众，那么这种美德也称不上什么美德了。

智者们把“利害关系”作为友谊存在的原始基础，我认为这就是将友谊中最具吸引力的链条给截断了。在友谊的关系中，能让我们感到快乐的东西并不是从朋友手上得到什么实际利益，而是从朋友那里得到一颗珍贵的爱心。只有当我们得到的实利是朋友出于对我们真诚的爱心时，我们才会感到真正的快乐。

以此而论，智者把寻求友谊的动因说成是困惑绝对是愚蠢的。在现实中，人们常常看到的是那些拥有钱财的人最慷慨、仁慈和具有美德，而我却更倾向于朋友之间的友爱相助。试想，如果西庇阿从不需要我和他的协作和帮助，那我又如何能向他表达我对他的爱心呢？

由此我将演绎出这样一个道理：不是因为对利益的需要而萌发了友谊，而是因为有了友谊才有了利益方面的交流。

那些所谓的智者给我们提出的“友谊困惑”的论调，只能说明他们心里外根本不懂什么叫友谊。我们试想一下，世上有谁会选择过那种不准任何人爱自己、又不准自己去爱任何人的富翁生活呢？只有暴君呀！作为暴君——他们当然不需要什么人对他们坦诚和爱戴，他们也不相信其他人会对他们有善意。因为在暴君的心灵世界里根本不存在什么友谊，只有猜忌和忧虑伴随他的一生。任何人也不愿意去爱一个怕自己或让自己感到害怕的人。别看有些权势者在平时在他人面前可能也会表现出一副很友好的样子，但这仅仅是表面的假象，一旦他们失去了自己的权势，他们就会立刻发现他周围的那些所谓的朋友都会像树倒猢狲散一般离他们而去。塔尔奎因（Tarquin）在被放逐时曾发出过这样一句感慨：“我现在已经知道谁是我真正的朋友谁是假的朋友了，可为时已晚呀，他们再也不能对那些真朋友有所回报，对假朋友有所惩治了。”

可是让人感到惊讶的是，像他那样傲慢无礼的人怎么还会有朋友？同样道理，某些非常富有的人也很少有真正的朋友，因为他们的财富成了获得友情的障碍。

幸运是好事但也可能会是坏事，幸运把握得不好，就会使人感到盲目，甚至容易得狂妄症。我想那些得到成功的蠢材是最让我们难以忍受得了。你们常常会看到这样的一种人：在他们没有权势的时候很是谦和，但有了权势以后马上会甩弃原来的朋友而去寻找新朋友。

必须承认，那些拥有财富或权势的人，往往也是掌握着很多机会的人。可是这些人只知道用手中的财富购买马匹、奴隶、华服以及贵重的器具，却从来没想过结交真正意义上的朋友（其实我更愿意将朋友比作我们一生当中最珍贵的“家当”）。还能找到谁会比他们更愚蠢的呢？其实，这种人手中的财富和权势是不确定的东西。因为谁也不能肯定将来这些东西又会落入谁人之手？准确地说，那些财富或权势无疑要被拢到更强者的手中。那么，什么是最稳固的呢？真正的友谊是最稳固的——无论在何时任何人都不会把它从你手中抢走。

朋友是可以给你带来快乐的，而那些财富却永远不能。

论交友限度的三种弊端

下面我想谈一谈友谊话题的另一个分支问题。遵循“适度”规律，我想我们必须确定朋友交往中应该注意的几种限度。比如我们对朋友的喜爱之情不应该超过的限度。关于这个问题，有很多人认同三种限度。但这三种限度没有一种是我赞同的。第一种是我们应当像爱自己一样来爱朋友；第二种是我们应当像朋友爱我们那样去爱他；第三种是对朋友的评价应该等同于朋友对他自己的评价。

第一种主张把要求自己的尺度用于朋友身上，这显然是不对的。因为现实生活是不能格式化的。有些事情我们不会为自己去做却能为了朋友而去做。为了朋友，我们可能会向地位卑微的人请求，也可能会用尖酸的话语去刺激别人。这些行为要看动机是什么。如果是为了自己的私利，那就要面临他人的非议；如果是为了朋友的利益则是值得称赞的。我们有时候可以看到正直的人会放弃自己应得的各种好处，为的就是尽可能地把好处留给自己的朋友。

第二种主张则把朋友之间的情感交流进行了等量的权衡。这种观念就有把友情当成了一种交易品，把友谊降格为鄙陋的斤斤计较的物欲关系之嫌。我的观点很明确：真正的友谊是根本不必去计较双方之间的交流价值是否相等的。他们在给予上从来都是慷慨的，甚至还担心自己的所得会多于自己给予朋友的。其实我们根本不必为这个问题而担心。如果一心只想着自己的付出是不是值得，会不会超出自己的限度，或者因太在意友谊而会有什么伤害，那么我们就会成为友谊的奴隶。

与前两种相比，最后一种主张或许是最不可取的。因为人各有异——如果一个人生性就很自卑，他对自己的命运没有能力掌握更没有能力改变。在这种情况下，我们就不应该以同样的态度来看待他，而应该想方设法帮他抖擞精神，重新振作起来，让其以更积极、乐观向上的态度去面对生活。

既然以上所罗列的三种“限度”主张都是不可取的，那么我们就应该寻找正确的限度。在这之前，我还是想先提一下曾被西庇阿批评过的一种观点：“在你爱自己朋友的同时应该意识到终有一天你会恨他。”西庇阿这句话严重违背了友谊的基本精神。西庇阿甚至对这句曾经因为出自“七贤”之一——比阿斯（Bias）之口而被众人认定为格言——感到匪夷所思。他认为说这句话的人一定有着某种恶毒的阴谋和野心，他把所有的人都看作是妨碍自己霸权的人。如果每个人都在担心有一天朋友真的会成为自己仇恨的人，那又怎能还和别人做朋友呢？照着这个逻辑推理，那大有可能是：他盼望着他的朋友陷入错误的深渊，这样可以让他抓住朋友的把柄来反对朋友。

同样的道理，如果他的朋友变得很幸运，他就应该很苦恼和烦闷。我们暂且不管那句话究竟出自哪个名人之口，它都无疑成了诋毁友谊的恶魔。如果实在要为友谊立定一个限度，那么正确的限度应该是：择友必须谨慎，如果我们感觉一个人将来会让我们产生痛恨之心，那就趁早离他远一些，不要和他结交。用西庇阿的观点说，即使我们不幸结交了不好的朋友，也应该谨慎地维持下去，切不可与对方断然绝交。

在交友中，我们还应该留意一种“理想化”的限度是：两个朋友的品格必须都是高尚的，而且在兴趣和志向方面也必须是相同的，不存在什么区别的。当朋友在一些关系到他生命或名誉的事情上希望你提供些帮助时（应该说，这限度也不太值得称赞），我们应该做的事就是为对方提供力所能及的帮助与支持，即使这样做的结果未必就是堂堂正正的，但友谊的魅力会促使我们自觉地为朋友做出无私的让步。然而同样用“限度”这个词来诠释自己的名誉的话，你的行为就待磋商了。我们不应当因对朋友让步而去毁坏自己的名声；但也不能只为获取周围人的好评而放弃自己处理事务所应持有的做人限度。

总之，任何谄媚和虚伪——对真正的朋友而言——都是卑劣的。我们不应该抛弃美德，因为它是传导爱的一种介质。

友谊的原则

我们现在再回到西庇阿的话题上来。在论述友谊的问题上，西庇阿是最有权威和资格的一个人。他以前常常抱怨说：有很多人对待友谊总是显得有些漫不经心，他们在处理其他方面的事情所投入的精力远比处理友谊方面的事情认真得多。他们甚至各个都能清楚地说清自己拥有多少只羊，至于自己有多少个朋友？他们怎么也说不清楚。他们在买羊的时候会用心去挑选，但在朋友的选择上却总是浮皮潦草甚至滥交。他们对待朋友的此番态度注定了他们在交友上根本没有明确的选择标准或评判准则。而我们导倡导的恰恰是在选择朋友时应该如何选择那些忠诚、稳健的人。如今能具有这样品质的人的确不多，品质的好坏如果没有经过考验往往是很难分辨的，但考验的基本形式又必须是通过交友这种手段进行。从这个意义上讲，友谊先于判别而存在。如果没有友谊的事先存在就不可能对朋友的真实性进行有效的检验。如果一个人凡事都谨小慎微，那么这个人在控制自己的情感方面一定就像驾驭一辆马车那般轻松自如。对待友谊也是如此。我们不妨通过若干种尝试性的友谊原则来检验朋友的内心品质。

忠诚友谊的原则

现实中常常会出现这样的情况：有些人在小钱的问题上就暴露出自己对金钱的贪恋；有些人虽然在小数目的钱财上经得起诱惑，但在大数目上则暴露出自己对金钱不择手段的追逐欲。当然，我们不排除也会有这样的一类人，他们的的确确把友谊看得比金钱还重，但他们不可能将这种信念逢人便问吧，在这种情况下，我们上哪里去寻找宁要友谊，可以不要官职、权势、金钱的人呢？

应该承认，人不会平白无故地将权势置之度外。

人的本性中就有着攀附权贵的原罪倾向。那些为了获得权势而牺牲友谊的人认为，牺牲友谊而获得权势是值得的，因此，在那些争夺权贵的人中我们很难寻找到真正的朋友。那种宁愿朋友得到提拔而降格自己的事情他们是很难做出来的。

我们不难想象，对绝大多数人来说，为别人分担政治上的不幸是件极其残忍的事。天晓得是谁能有如此高之境界？恩尼乌斯有一句话说得很感人："患难之时见真情。"但是绝大多数的人在这种情况下都会以下列两种形式暴露出他们品质的不可信赖性：一种是自己得意时，他们会看不起朋友；另一种是在朋友患难时他们又弃友而去。谁要是在这两种情况下能表现出坚定不移的立场和朋友忠贞不渝的真情，那他一定是世界最了不起的人，我们甚至可以用"超人"来称呼他了。

那么能保证友谊永恒不变的品质究竟是什么呢？是忠诚。任何缺乏忠诚的友谊都是不能持久的。为了友谊的持久性，我们应该选择那些性格爽直、善良且富有同情心的人做我们的朋友，选那些与我们一样会为同一事物而感动的人做我们的朋友。因为所有这些品质都是建立彼此忠诚的基础。那些诡计多端、深有城府的人则因其不太可靠不能轻易认做朋友。无数事实已经印证，那些没有同情心、不能为同一事物和我们一起感动的人，他并没有属于自己的坚定的立场，至于他们的品行，我们更要多打些问号。

尽管这些人也不乏对我们的指责，但我们无需太在意，也不必要去听信。况且他们也没有指责我们的资格。考察朋友的交友动机，有助于我们形成如前我所说的那种对朋友忠诚品质的提升。如果一个人有了忠诚的品质，也就回到了我所说的那种观点，即友谊只存在于好人之间。

在对待友谊的问题上，好人（姑且也可以将其以“智者”相看）往往会表现出两个特征：一是他不会有什么虚情假意的倾向，性格正直的人表达自己的厌恶时宁愿开诚布公，也不愿躲躲闪闪地伪装自己；二是当朋友受到他人指责时，他更坚信自己的眼光，不仅不会因此随波逐流的对朋友产生什么怀疑，只要他认为朋友是对的，他还会挺身而出，为朋友解围。一个人交上了自己信得过的朋友，就会在彼此健康的交往中加重了温和敦厚的氛围，同时也能为友谊平添几许情趣。不过，我还想补充一点：在交友中，深沉和严肃固然能给对方留下深刻的印象，但在朋友间应该多一些宽松谐和的气氛，否则，再好的朋友看到你都会害怕的。让他人感受友善应该是和睦而不是紧张。

“老马”“新马”的原则

现在要给你们出一个不大不小的难题：我们都知道爱马者大都比较倾向于喜欢小的马而不喜欢老的马。那么在对待朋友上，是否也可以认为新朋友好于老朋友呢？当然不一定是。因为真诚的友谊之于人的精神——并不像物欲那样让人贪恋，朋友对我们来说就像酒一样愈陈愈香。不是有句话这样说吗？“人与人只有长时间彼此相知，才能建立生死之交。”我们必须承认新的友谊有其自身的好处，它就像新生的禾苗一样，给人以开花结果的期待感，但老朋友却更像是经过时间和习惯打磨成的——已开的花已结的果，他的地位和影响力岂容忽视？再回到我刚才提到的“马”来。如果其他条件都一样的话，我们还是更倾向于骑自己用惯的老马，而不太喜欢用新的甚至还没有经过训练的新马。这几乎可以说是一种常理，这种常理不但对有生命的事物适用，甚至对无生命的事物也同样适用。不是吗——许多人对那些自己曾经生活习惯了的地方就比较爱恋。即使那些地方已经被不可抗拒的自然景象所湮没。

平等相处的原则

友谊中的另一条重要规则是：你和朋友必须平等相处。友谊是双方的事，但现实中常常会出现诸如双方地位不平等之类的情况。比如西庇阿，他是我们这些人当中地位最高的人，但他对低于他的菲鲁斯、路皮利乌斯、穆弥乌斯（Mummius）等人从不摆什么架子。再比如西庇阿的哥哥，他虽也是一个有名气的人物，但其社会地位与西庇阿相比还差一大截，即使如此，西庇阿还是很敬重他的哥哥。不仅于此，西庇阿还希望通过自己的帮助使自己所有的朋友都得到平等的照顾。西庇阿的这种为人处世态度确实值得我们学习。

如果我们中间有谁在才智、品质和财物上有比朋友强的地方，我们就应该乐意让朋友分享我们的所有。当朋友或朋友的家人出现困难而无力解决时，我们也应该毫不犹豫地提供帮助，并想方设法改变他们目前的处境。

在大家所熟稔的许多神话故事中，有些孩子由于对自己的父母和身世一无所知，他们一直过着奴隶般的生活；后来尽管他们知道了自己是神或国王的儿子，但他们对那些抚养自己的牧羊人却结下了难舍的情意。如果真是自己的父母就更该如此了。一个人所具有的美德和才智等各种优越品质，如果没有在朋友当中得到充分的开发，它的真正价值是体现不出来的。

正像地位优越的人应该和那些生活在社会底层的人平等相处一样，幸运的人同样也应该和不太幸运的人平等相处。但反过来说，那些不太幸运的人也不应该因为自己才智的欠缺和地位的卑微而怨天尤人。特别是在他们也为朋友提供了一些帮助时，更不应该动不动就把自己为了朋友做的一点点微不足道的事常常挂在嘴边，否则就会让人生厌。你可以把别人为你提供的帮助经常提起，但若是把自己对别人提供的帮助挂在嘴边念叨，你就很不值当了。

那些社会地位高的人在朋友面前应该适当地降低自己的身份——这样有利于提高社会地位低的人的交友自信心。有很多生活在社会底层的人在地位高的人面前很自卑，他们因为觉得自不如人而不愿意和地位高的人结交。为了消除他们的这种顾虑，地位高的人就应该不仅在言语上，而且还要在行为上打动他们，让他们解除对地位高的人的心理戒备。第一步做法就是要为他们提供物质上的帮助；其次是要依据他们的心理承受能力给予他们真心的关爱。生活在社会最底层的人们每个人自身能力和条件未必相同，无论你有多么大的威信和势力，你都不可能把所有的人推举到国家的高职位上。例如，西庇阿可以使普布利乌斯·路皮利乌斯当上执政官，但却不能让他的弟弟鲁修斯（Lucius）也去当执政官。因为鲁修斯的综合能力还达不到执政官的水平。

真正决定友谊的对象往往是在人的性格基本定型后才开始。比如，我们小时候曾和一些奢好打猎或喜欢踢足球的人一起玩耍，这种"玩在一起"的人长大后未必就能成为可靠的朋友。时间会改变一些人，条件也会改变一些人——他们到人生独立的时候或许已经不是我们小时候认识的那样了。

退一步讲，如果在一起的时间长就应该能成为朋友，那么我们小时候的保姆和陪我们一起上学的奴隶就应该享有得到我们的友谊和爱的权利。我这么说并不是鼓动大家都疏远小时候的结交，而是要让大家明白，我们与他们之间是有另一种微妙的且又是不成熟的感情所维系的。性格差异缔结不出成熟的友谊；只有性格相仿下建立起来的成熟友谊才有可能走向永恒。因为性格的不同才致使志趣不同，而志趣不同又最终导致朋友分道扬镳。我们说好人不能和坏人结交，其关键的因素就在于他们之间的性格和志趣有着天壤之别。

善意限度的原则

适当善意原则的主旨是：不要因为自己有失分寸的善意，反而妨碍朋友将要进行的大事。当然我在这里只不过是赐以一种期望。因为这种事在我们现实生活中时常都在发生。我再给你们引述一个众所周知的神话故事的例子：试想，如果涅俄普托勒摩斯（Neoptolemus）当时听从了吕科墨得斯（Lycomedes）的话，恐怕他永远也攻打不下特洛伊城。必须承认，后者对前者有养育之恩，在涅俄普托勒摩斯攻城时，吕科墨得斯全然出于善意，曾声泪俱下地百般劝阻，最后劝阻未果。此外，我们似乎也不难看到这样一种情况：为了害怕朋友的离去而再三地劝阻朋友去执行重要任务。这从初衷上看也是一种善意，便却是脆弱且带有自私倾向的善意。说到底也就是不够朋友。朋友之间的要求和希望都是有一定的限度的。在任何情况下，我们都要思忖我们为对方付诸的善意究竟是否超出了这个限度。

分道扬镳的原则

朋友会出现绝交，这是既是不幸的但又是可以避免的。我所说“可以避免”的情况主要指那些普通人之间的友谊。生活中常会发生这样的事：一个人突然间干了一件十分卑鄙的事，致使朋友的感情受到了极大的伤害，使朋友蒙受奇耻大辱。

在这种情况下，双方断绝来往，并使原有的友谊就此枯竭是很正常的。针对这种情况，老加图曾经这样说过：“如果朋友关系发展到非分手不可的地步，与其直接反目倒不如慢慢地疏远；但如果朋友的一方所做的事情极其恶劣，若不马上与其分道扬镳，则不符合道德和正义时就应该果断。”那么，如果朋友间是在志趣和性格上发生了矛盾（这种情况经常出现），或者彼此在政见上有了很大的分歧以至于双方感情也有了裂痕时，又应该怎样处理呢？我的看法当然也是断交。不过这种断交应该谨慎些，切不可断然行事。有道是“好聚好散”，避免彼此变成不共戴天的仇敌。

昔日密友，如今反目，这并不是光彩的事，逐渐淡化，能让双方都好接受。想必你们都知道，西庇阿就和他的故交庞培两个人因为我的事闹了别扭，最后断绝了来往，而且还与政见不同的我的另一个政友梅特卢斯①也疏远了。但在这两件事情的处理上，我认为西庇阿就做得很恰当，既体面还稳妥。虽然他们彼此都很失望，但却没有结下仇恨。

既然交朋友，我们首先就要尽量避免矛盾的出现，即使双方难以调和地出了不和的情况，也要力求原来的友谊在自然中淡化，不要大动干戈，防止彼此已灼伤的心中再留下怨恨。怨恨往往致使双方出现恶意的攻击与诽谤。再退一步讲，即使双方中有一方做了攻击与诽谤不道义的事，另一方也应该竭力忍让，念及双方原来的交情，我们宁可原谅对方因感情冲动而伤害我们，但却不允许我们去犯以牙还牙之错。谁要是忍受不了这种伤害，那么，在他交友之前，就要慎之又慎地对对方进行深入的了解，不要急急忙忙地把爱心奉献给那些还不值得去爱或去结交的人。

---

① 梅特卢斯（Metellus）：公元前108年罗马执政官。

论美德之于友谊中的地位

无疑，那些被我们认定为“值得去爱”或“值得结交”的人，大都是品德高尚的人。遗憾的是这种人在现实生活中却十分稀少。美好之所以被称为美好，就因为它稀缺而美好。所以世界上所有美好的东西都是稀有的。无怪乎人们要说寻求十全十美比登天还难。虽然我们大多数人都意识到了这一点，但不知为什么，有太多的人交友的动机并不很纯：他们把期待中的朋友当作了可以谋取利益的工具；他们只把给他们带来利益最大化的人当作至爱亲朋。因而我足够有理由这么说，只为谋求自己利益而交友的人是难以得到发自内心的、纯真的、没有利益瑕疵的朋友的。他们也领略不到美德在友谊中的本性和力量。

关于美德的缺失

不错，我们每个人都很爱自己，但这种爱并不能给自己带来什么利益上的回报，而是因为它是独立于其他任何事物的一种爱。如果这种爱不能平移到另一个人身上去体验，那么他将永远也感悟不到友谊的真谛，更无法得到真正的朋友。诚如我在前面说过：真正的朋友就是另一个自我。但我们又发现，无论是天上飞的，还是地上跑的，或是水里游的动物，它们都有两种本能：一是爱自己，二是对其他的同类有种天然的依赖性。其实，如果我们按照自然法对人类进行类比，我们就不难发现人类与动物也有相通之处。人不仅爱惜自己，同时也更希望寻求另一个令自己心仪和爱慕的人。

现在有太多的人根本不讲道义。他们缺乏做人所应有的理性和虔诚，以自己的意志，强人所难地要求朋友做这做那，甚至希望从朋友那里索取到自己本身就不愿给予别人的东西。我是坚决不会和这样的人交朋友的。我认为要想交好朋友首先自己就应该有个好人的样儿，然后以此为基础去找寻那些与自己德行相近的人做朋友。但凡稳固的、能够达到真诚的互助互爱的友谊，也只有在这种情况下才得以实现。因为只有在这种前提下，朋友的双方才能彼此控制住自己单方面的意愿不强加给对方，同时双方都以平等的原则以诚待友，那些有悖于公德和正义之事也就自然减少了。我还十分赞赏朋友之间的彼此敬重。因为唯有敬重，才能使朋友之间的真情实感得到升华。从这个意义上说，那些把友谊看作是为放纵和邪恶敞开了大门的想法是大错特错了。

上苍已经把友谊作为美德的守护神赐予了我们，说明友谊不但不是纵容邪恶者，而且恰恰是邪恶的反对者。美德得以实现和达到最高的境地需要人与人之间的和谐合作。不论是过去，是现在，还是将来，任何一对朋友都应该认为彼此的结交是为了达到至善美德而结交。

我认为，朋友之间的结交能够促成我们获得人世间一切与美德相关的事物。诸如正直、名誉、良好的心境以及安宁等。我们的生活如果有了这些美德元素的支持，那么我们就是幸福的，否则就是不幸的。

因此，如果我们想获得幸福，我们实在没有理由放弃对美德的追求。有了美德，真正的友谊就会如期而至；忽视美德，那么我们一旦遇到了麻烦或灾难，那些被我们自认是朋友的人就很有可能会离我们而去。

所以，我还要在这里再重复一遍我的观点：如果你想与某个人结交，首先应对他进行考察和评判，而不应该先喜爱后考评。在许多事情上我们总是凭着“一时心动”而忽略了对事物整体性的考评，因而我们经常吃了亏，付出了代价，受到了惩罚。在友谊方面让我们犯错误的概率尤其多：我们自以为是，因此我们听不进老者的忠言；我们不作考评，因此我们本末倒置；我们总是被“密友”出卖，我们没完没了地吃后悔药，我们唯有在静下心来回眸与思考时，我们曾经草草率率与我们所谓的朋友结交下的友情，在关键时刻竟是如此的弱不禁风！

关于“合群”的本性

我不知道已经重复过多少次这句话了：友谊是人人都不可或缺的东西。既然不可或缺，那么，我们要是在友谊上犯错误，自然就要受到惩罚。前面还说过，友谊给我们带来诸多的益处，那是因为有了美德。但却有很多人总是以轻蔑的口气谈论美德，他们把美德当作一种虚无甚至只是摭拾的东西，在口中飞来飞去，然就是难以付诸行动。对财富的追逐也不是人人尽然的。很多人蔑视财富，他们更安于贫穷，以穿粗布吃素食为乐。至于官位，虽有些人竭力获取，但也有许多人视之若草芥，认为世界上没有什么比职权更虚幻的东西了。

在其他方面，同样也存在着各其所好。在一些人眼里被视为珍宝之物，也许在另一些人眼里则成垃圾。但不管怎么说，在友谊这一点上，天下所有人的看法都是一致的：不管是玩政治的，还是搞科学研究的，或是喜欢哲学的；也不管是做生意的，还是那些只留恋于声色犬马的——他们谁都知道友谊是生活中必不可少的东西。如果没了友谊，生活就会暗淡无光，枯燥乏味。如果你想过上既自由又不乏照应的生活，就离不开友谊。尽管有些人性格暴躁、淡于交往（雅典的泰门就是这样的一个人），但即使是这样孤僻的人，同样也不可能长时一个人独处，否则他自己会把自己憋死。

试想一下，在他发脾气时，如果没有另一个人来听他喋喋不休的谩骂，他岂能发出脾气来？如果有可能的话，下面的这种情况我们也许能够很自然地想象出来：神灵把我们带到一个与世隔绝的地方，他供给我们丰富的生活品，但却不允许我们与任何一个人见面和交往，那么有谁能够忍受住这种看似幸福实际上则是牢狱般的生活？有谁不向往外面那种丰饶的充满乐趣的世界？

依我看，塔兰托的阿契塔斯（Archytas）有一句话（他的话我是通过我的前辈才知晓的，而前辈们也是通过前辈们的前辈们才知晓的）就说得很精彩。他是这样说的："如果一个人能够升到天上，当他看到宇宙中美丽的天体和秩序井然的景象时，他是不会快乐的。因为他的快乐需要说与另一个人听他才得以满足。"从这句话里，我们可以得出这样的结论：人类的本性中就有排斥孤独、希求同伴的倾向。而拥有最亲密的友谊则是我们满足这一本性的最好方式。

关于忠告的真诚与奉承的虚伪

尽管人们都承认自己存在“合群”的本性，但种种迹象表明，有许多人对这种本性根本就没有引起足够的重视，有些人甚至还置若罔闻。谁都明白这样一个事理：朋友之间的交往是纷繁复杂的，在这种错综的关系中彼此出现不愉快也是在所难免。当出现矛盾时，聪明的人要么采取小心翼翼的回避态度，以期化解矛盾；要么尽量地采用宽容的淡化态度，使矛盾大事化小、小事化了。但是当你的真诚并不被朋友所理解，甚至遭到曲解时，我就不赞成再采取回避或宽容的态度了。针对具体的情况，应该在坚持自己的立场前提下对朋友进行必要的劝告或责备，而作为朋友的朋友，则应该理解朋友的这种善良动机，大方地接受对方比评。

不过，也有人认为我的这种观点过于理想化。比如我有一位叫泰伦提鲁斯（Terentrus Publius Afer）的朋友，在他的《安德鲁斯女子》中就曾经说了这样一句话：“交友宜顺从，忠言遭嫉恨。”如果说真诚的忠言会受到听者的嫉恨，而且还会造成双方友谊的破裂的话，那么不给对方忠言岂更不意味着姑息甚至纵容朋友的错误？

我以为：如果对朋友忠结果适得其反，那么，应该付予忠言者本身方法一定存在问题，但更可气的还是拒纳朋友忠言的人。在这里我要强调的是，当我们需要向朋友忠言时，应该采用比较温和的话语向对方循循善诱，切忌苛刻、尖锐甚至羞辱性的语言。至于泰伦提鲁斯所说的“交友宜顺从”，那就要看对象看场合了。

应该说，在朋友无甚过节的情况下，适当的顺从还是必要的。但决不能阿谀奉承，更不能无原则的献媚。说到献媚，我不得不多说两句：有些人喜欢和官场的人交友，为了迎合官场的人，不惜自己的人格尊严，低三下四地向对方献媚。

我想要是这样的话，不仅会把身在官场的朋友宠成一个十恶不赦的暴君，而且自己也没救了。记得加图曾经说过：“献媚的朋友比罪恶的敌人更坏，因为献媚者只说假话，而敌人却常会对我们说真话。”

我们应该记住：和朋友交往是一回事，和暴君相处是另一回事。如果一个人对朋友推心置腹，但对方却置若罔闻，那么这个朋友看来也是没救了。这是一种怪异：该嫉恨的东西不嫉恨，不该嫉恨的东西却要去嫉恨；不迁怒自己犯的错，却迁怒朋友的好言相劝——这是本末倒置，是愚顽至极。

如果说提出忠告者态度是真诚而不是尖刻的，如果接受忠告者能够耐心而不是抵触的，这对友谊自然是有利无弊。相比之下，对朋友只是一味地阿谀奉承和献媚，那就只能对友谊造成破坏。阿谀奉承和献媚不仅虚妄不可信任，而且他们为了取悦于对方还不得不人为地扭曲事物的本来面目。它们混淆了视听，颠倒了是非真假，乃至友谊成了徒有虚名的友谊。友谊的本质意义是两颗纯真的心的融合，如果两个人在一起但两颗心在一起不怎么和谐，关系复杂且掺和着太多变故的因素，这样的关系怎能产生和维系真正的友谊呢?

在这个世界上，最飘忽不定且最不牢靠的莫过于生性纤弱的人了。他们更习惯于看着别人的脸色行事，没有自己的主见，正像我的老朋友特伦斯所描述：“他说‘不’，我也说‘不’；他说‘是’，我也说‘是’。

“总之一句话，他怎么说，我就怎么说。”他的这句话是他假借格耐索（Gnatho）之口说出来的——很显然，和这样的人交朋友是很愚蠢的事情。但在现实生活中像格耐索这种类型的人很多，别看他们的性格就这样和那样的缺陷，然而他们却极有办法凭借着逐渐提高的地位和增长的财富的方式来掩饰自己的缺陷。

倘若我们轻信他们的奉承和献媚，我们将会受到极大的伤害；倘若我们仔细地观察分析身边的所有人的言行，便不难分辨出谁是真正不善意，谁是真正的恶意。这也如同区分货物一样，只要认真甄别，就能辨出谁真谁赝来。再比如参加民众集会，虽然民众中有许多文化不高的人，但他们能从演讲者的言行中分辨出哪些是哗众取宠、蛊惑民心的人，哪些是稳重踏实的人。

前几天盖乌斯·帕皮利乌斯为了想让集会通过一个旨在允许护民官能够连任的法案，他就以奉承献媚之语进行演说。我对他的讲话就表示坚决地反对。当时你们的西庇阿也在场，西庇阿的讲话是多么打动人心啊！凡是听过他演说的人都会认为他不仅是罗马人民的好公仆，而且也是最受罗马人民爱戴的领导者。结果可想而知：那个旨在取悦民众的法案被否决了。

对不起，以直我就要提一提我自己了——不知道你们是否还记得，在鲁修斯·曼西努斯（Lucius mancinus）和西庇阿的哥哥昆图斯·马克西穆斯①两人同时做执政官时，盖乌斯·利西尼乌斯·克拉苏斯（Gaius Licinius Grassus）提出了一个“关于祭司团选举”的法案。你们也知道，当时这个法案是很受欢迎的。因为这个法案把祭司团补缺的权利转移给了民众。尽管如此，我还是站在保守派的一方，

---

① 昆图斯·马克西穆斯（Quintus Maximus）：约公元前？~前42年，盖乌斯·凯撒的左将之一。

结果教会方很容易地击退了那个法案。我当时也只不过是个司法官罢了，我是五年后才当选为执政官的。我能够击败他们的法案，不是我的官位显赫，而是我的主张本身就是合乎情理的。

在舞台上虽然很多东西是虚构的——它们有的真有的假。但现实生活当中，人们还是认同真实的东西来占主导地位。前面我们曾说过，友谊是依赖于真诚而存在，那么，现实生活当中的真诚与否对友谊会有什么样的影响呢?

这个问题可以用一句很通俗的话来概括：朋友间如果不能坦诚相待、真实以对，那么彼此间任何事情都不能相信，甚至连彼此间的情感都不能相信。尽管我一再说明奉承对友情是很有害的，但它的害处只对那些喜欢听奉承话的人奏效。其实那些喜欢听奉承话的人，他自己本身就是第一个奉承自己的人。

我们都知道，自爱是美德中的一个重要前提。通常自爱的人也是相对比较了解自己的人。知道自己究竟可爱在何处，也就知道自己美在何处。不过，我在这里所说的美德不是那种纯粹的美德，而是人们心中自然生成的一种美德的信念，或叫美德的境界。其实世界上十全十美的人并不存在，现实生活中真正有美德的人也不多，倒是期待被他人评价为有美德的人占绝大多数。有这种期待的人对别人对他们的奉承再喜欢不过了。他们把别人对他们的奉承当作自己值人称道的资本，不以为耻，反以为荣。我们可以想象一下，如果像这种一方不愿听真话、另一方只爱说假话的交往也叫友谊的话，那么，友谊还有什么价值可言?

在喜剧中，要是缺少了自以为是的武夫的衬托，我们可能还感受不到那些奴才相十足的食客究竟有多少可笑。比如一段武夫的答问："泰伊丝，你真的非常感谢我吗?"本来泰伊丝只需对"非常感谢"

做肯定式答就足矣了，但他为了献媚，为了讨好对方，非得要夸大其词地说："我万分地感谢！"

这无疑是一种奴性十足的献媚。喜剧中的武夫为了投其所好，扮演了一个奴颜婢膝的角色，但他却并不因此而受人鄙夷，相反，在当今社会的人情世故中还真管用。我说这个问题，是为了提醒那些良知尚存的人，我们对身边形形色色的人要处处谨慎小心，否则那些比较隐秘的献媚者就会趁我们放松警惕之际而钻我们的空子。在一个公开的场合，我们姑且都能识破献媚的嘴脸，但是隐秘的谄媚却就不那么容易提防了。

识破谄媚者的确是一件不容易的事。因为他们最善于利用奴颜婢膝来伪装自己，他们总是不失时宜地把你捧到天上，然后毕恭毕敬地对你表示折服，使你盲目自大，放弃了为人者所应有的防人之心。比如在《女继承者》中的那个丈夫，他就是没有提防他人的献媚，所以当他受人愚弄后才会道出这样一句气愤的话："他简直把我当成大傻瓜了！舞台上的任何一个糊涂虫也没有像我这样被耍弄！"他的意思是指那些被愚弄的人常常是一些老而糊涂的人——请原谅，我已经脱离了我们讨论的话题，我现在说的已经不是那种完美（即"智者"）的人之间的友谊了，而是一些低俗的人之间的友谊了。

以下，就让我们再回到我们的正题吧，我想就我们谈论的话题做个总结。

关于美德之于友谊的重要性

现在，亲爱的范尼乌斯和斯卡沃拉，我要再强调一下我在前面说的话——美德。是的，正是美德——它既创造了友谊，又丰富了人们的友谊生活。美德是友谊的使者。它把人际关系中好的志趣、真诚的心灵融于一体，使友谊在美德呵护下迸射出光芒，在这种光芒下，两颗心相聚一起，彼此吸引。

这种友情，你可以称之为“爱”，你也可以把它叫作“友谊”。因其同出于一个拉丁文词根，其意也就自然相同。爱就是对一个人对另一个人产生依恋和追随，它既不会因为贫穷而消失，也不会因为没有得到什么好处而遭到毁灭。我过去仰慕鲁修斯·保鲁斯、玛尔库斯·加图、盖乌斯·加鲁斯、普布利乌斯·纳斯卡和西庇阿的岳父提贝瑞乌斯·格拉古斯时，抱的就是这样纯真的态度的。如果彼此的年龄相近，那么这种仰慕的情感则会更加强烈。比如西庇阿、鲁修斯·富利乌斯、普布利乌斯·路皮利乌斯、斯普瑞乌斯·穆弥乌斯（Spurius Mummius）和我就这样结交的。现在我已经老了，但不知为什么？我却又喜欢和年轻人交往了。例如你们就是我喜欢交往的对象。还有昆图斯·图贝罗以及比你们更年轻的普布利乌斯·鲁提利乌斯（Publius Rutilius）和奥鲁斯·维吉尼乌斯（Aulus Verginius）等。我是因为在你们年轻人身上看到了充满朝气的生命力量，这也是人性的规律。我觉得我现在最值得企求的，就是能和新一代的人并肩走向人生的终点。尽管我明知这只是一种奢想。

人的一生多变易，很多自然规律不以人的意志为转移。我们应该在珍惜现有的朋友之时还要不断地寻求更多值得我们去爱的人。

尽管，西庇阿现在已不在人世了，但他的音容笑貌迄今为止还一直存活在我的心中。我爱的是他的美德，美德在人的心中是永远不会消失的。我认为西庇阿的美德不仅影响了我一个人，他还会继续发出更灿烂光辉，并影响我们后面的一代又一代人。

如果一个人缺乏美好的幻想，甚至连身连所有美好的事物都勾不起上进的欲求，那我敢断定他将不会有什么理想憧憬或什么政治抱负。我认为在我的这一生中对我产生最大影响，以至给我留下最珍贵的东西莫过于西庇阿和我的友谊了。

我们不仅曾经拥有着对社会问题的一致看法，而且还能针对各自的问题进行和谐地探讨，更有在空闲之时彼此间的纯真快乐。可以说，在我们之间哪怕是在细小的问题上，都不会发生什么摩擦——他从来倚老卖老地对我说过一句让我不舒服的话；我也从来不做对不起他的事。我们曾经同住一个房子，一起吃饭，在海外服役期间还一起旅行和度假，在闲暇的时候还一起研究学问——所有这些我都不用再做什么重述了。

如果我和西庇阿的所有欢乐的时光和回忆能够和他的去世一同消失的话，那么他的辞世本应该让我因为永远地失去这样一个朋友而悲痛，但事实并不是人们所预想的那样：现在我脑海中关于他的记忆反而变得更加清晰和生动。即使在我的记忆中已经无法完全描述出他的一切东西，我认为我自己也已经到了这把年纪了，也就无所谓了。换句话说，在“友谊”这个即使我曾忍受痛苦，但也不会太长久，世上一切痛苦都是短暂的。

好了，关于友谊的话题就谈到这儿吧。不过我还想在最后对你们提出一句忠言。在友谊中，美德是第一位的。没有美德就没有真诚的友谊；有了美德，友谊才会不朽！

下　篇

论责任

第一卷　道德上的“善”

玛尔库斯，我亲爱的儿子，到现在为止，你在克拉蒂普阿斯[①]那儿学习已经整整一年了，再加上你身处的城市是雅典，所以，我想你对那些常见的格言警句以及哲学原理应该是了如指掌了吧。我之所以对你有这种期望，不仅是因为你有克拉蒂普阿斯这样的名师教导，而且还因为你现在所处的城市是一个具有丰富的知识底蕴和众多文化典范供你学习的城市。当然，我还是更希望你能把希腊文的学习和拉丁文的学习结合起来，这样做有利于提高自身的素质。我在研究哲学和练习演讲时就是这样做的，现在我建议你也能这样做。这样你就可以轻松地掌握两种语言。我的这种建议曾经在国人当中很受认可。且不说那些不精通希腊文的人，即使是那些有很大学问的人，照我的建议去做后，在演讲能力上也会有明显的提高。

我还建议你要多多向当代有名望的哲学家学习。只要你愿意，想学多久、多少东西，都可以满足你。

抽空也可以读一读我的哲学著作，我相信它对你会有所帮助的。

---

① 克拉蒂普阿斯（Cratippus）：公元前1世纪，古罗马亚里士多德学派哲学家，玛尔库斯的老师。

我和亚里士多德学派都自诩是苏格拉底和柏拉图的信徒，我的哲学思想和亚里士多德的没有什么大的差别，但我想我的著作在运用拉丁文上对你将更有帮助。

至于你对我俩的作品会有什么样的评判？那就是你的事了，我不能干涉你的思想。别以为我是在这里自我吹捧。我当然知道在哲学方面有很多人的著作比我优秀，但我在演讲方面的才能比他们更突出。我的演说不仅用词精确，思路清晰，而且在风格方面也比较优雅得当。毕竟我已经做了一辈子的演说。

亲爱的玛尔库斯，我衷心地希望你不但要阅读我的演讲稿，同时还要读我的哲学著作。我在这方面留下的稿子已经很多了。你可以从我的演讲稿中感受到那种洒脱、刚毅的风格；但你也会从我的哲学著作中体会到严谨、冷静风格的培养。目前，在希腊人中，还没有一个人把以上所说的两种风格（即演说时能够洒脱、刚毅；谈论哲学时能够严谨、冷静）融合在一起。或许，佛勒鲁姆的德莫特里乌斯①算是一位融合这两种风格的人。尽管他的演说缺乏激情，但人们听了却还是感动不已。我们从他的演讲中不难分辨出他是师从于狄奥夫拉斯图斯②的。至于我在这方面做得怎么样，还是让别人去评说吧，反正我觉得我自己是已经尽力了。

如果柏拉图潜心演习雄辩术，我想他一定能成为一个杰出的演说家；如果德莫斯蒂尼斯③把对柏拉图的研究坚持下去并愿意把自己的

---

① 德莫特里乌斯（Demetrius）：公元前350～前？年古希腊贵族，演说家。

② 狄奥夫拉斯图斯（Theophrastus）：公元前370～前285年，古希腊哲学家，亚里士多德的得意门生。

③ 德莫斯蒂尼斯（Demosthenes）：公元前442～前414年，雅典将军，28岁被处死。

观点发表出来的话，那我也相信他一定会做出不错的成绩。我觉得亚里士多德和伊索克拉特斯[①]两人的情况相同，他们都对自己的领域十分推崇，但对别人的领域却极其蔑视。

关于道德责任的辨析

现在我已经决定给你写点东西。我想我写给你的东西以后可能会逐渐地增加。我首先要和你谈的是一个很适合年轻人但又比较切合我个人身份的话题。

有很多既重要又有价值的话题尽管已经被哲学家们仔细讨论过了，但关于道德责任的讨论却从未间断过。它无论对谁都具有不可忽视的实用性。在现实生活中，无论是公众的还是个人的，也无论是只关系到自己的行为还是与别人有关的行为，都离不开道德责任水准线的评价。但凡有德行的事，都是遵循了道德责任的结果，而那些无德之事则都是背离或忽略了道德责任所致。

几乎所有的哲学家都在探讨责任这个问题。一个对责任话题不经常性地反反复复地予以研究和接触的人，便不敢以一个哲学家而自居。有趣的是，有些哲学学派极力主张用所谓的“至善至恶”来理解和认识有关责任的概念。在他们看来，“至善”与道德品行无关；评判一个人是否“至善”的标准不是道德而是看他的行为是否有利于他自身的利益。我们都知道，如果一个人的行为自始至终都不受其本性之善的支配，那他就不可能重视其生活中的友谊、正义以及宽容等美德。这种人生性懦弱，痛苦对他们来说就是“至恶”；他们也不会适

---

① 伊索克拉特斯（Isocrates）：公元前436～前338年，古希腊修辞学家、政论家和 教育家。

度地寻乐，因为快乐对他们来说就是可望不可即的“至善”。

真理不辩自明——这个道理是不需要我们再进行讨论的了。但我自己还是在我的另一部著作中对它进行了更深入的研究。真理可以认同追求完美道德之善缘自道德本身具有的价值；真理却不可能认同把责任归之于自然的规则和固定的永恒。

我认为斯多葛学派、学园派以及亚里士多德学派享有谈论伦理道德的特权，相比之下，亚里斯托①、皮浪②和厄里鲁斯③的理论就已经失去了人们接受的魅力。不过，假如他们在责任的问题上还给我们留下了一些可以选择讨论的东西，并使我们能够找到一些探究什么是责任的方法的话，那么他们还是有权利继续沿着责任话题往下探究的。

基于这种原因，我便遵从了斯多葛学派的伦理教诲进行了研究。但我想我有必要声明的是，我所研究的任务不是对其学说进行简单的翻译和介绍，而是按照我自己的理解，对其做出了属于我自己的判断和选择，以期用一种切合我自身目的的标准和方式，从这些原始的资料中提取有价值的东西。

既然我们将要对责任这个题目进行讨论，那么我们就有必要先对责任的定义做一下解释。任何题目的讨论都必须遵循这种有的放矢的原则。让我感到不解的是，帕内提乌斯④却没有这样的习惯。因而我

---

① 亚里斯托（Isocrates）（Aristo）：公元前450～前388年，古希腊斯多葛学派哲学家。

② 皮浪（Pyrrho）：公元前360～前272年，古希腊哲学家，怀疑论创始人之一。

③ 厄里鲁斯（Erillus）：公元前3世纪，古希腊悲剧哲学家。

④ 帕内提乌斯（Panaetius）：公元前180～前109年，古罗马斯多葛学派哲学家。

们只能说他的观点是无的放矢。

对责任分类的补遗

通常讨论责任的文章不外乎两个方面：一是有关至善的部分；一是有关指引我们日常生活的实际规则部分。比如像某一项责任是否比另一项责任更重要？这就属于第一部分问题。对于那些需要为其制定明确规则的特殊责任来说，虽然受到“至善”理论的影响，但受影响的迹象并不是很明显，它们在内容上似乎更偏重于日常的生活规则。以下我将对这些特殊的责任进行详细的论述。

如果按逻辑学概念分类，责任又可分为两类：一是普通责任；一是绝对责任。我认为，绝对的责任也可以被称做“义”，因为在希腊人的词语里它被叫作“κατόρθωμα”，与此对应的“καθήνηκον”则是普通的责任。从这些词语的字面含义来看，希腊人显然是把所有符合“义”的责任归之于绝对责任，而那些可以提出适当理由的行为责任则属于普通责任。

在帕内提乌斯看来，人们在决定是否实施某种行为之前一般会考虑三个问题：

第一个问题是看其行为是否有德行。在这个问题上，不同的人所分析出来的结果也是不同的。人们通过各种分析。得出的结论往往也不尽相同。

第二个问题是要考虑到所作所为是否有利于自身的愉悦？是否对自己财务的管理有所帮助？对自己的权力和影响是否有所提升？是否能使自己和朋友双双受益？而这些问题的思索似乎都与功利有直接的

关系。

第三个问题不难想象，当追求的有利行为与有德行的行为发生矛盾时，德行会要求我们走一个方向，而功利则偏要反其道而行之。在这种矛盾情况下，人们肯定会感到东西难辨的困惑，从而导致选择上的无所适从。

但凡在事物的分类上最可怕的莫过于遗漏类属。恰恰，如上的分法中就存在着遗漏问题。具体来说有两点：我们在进行行为的选择时，不仅要看它是否符合道德，而且还要看在那些符合道德的行为中哪些是最符合道德的。同样的道理，当有两种功利可供选择时，我们还要看哪种功利是最大的。因此，我认为在帕内提乌斯的问题分析中应该分解成四个部分。首先我们谈论的应该是德行，而它又可以被放在两个小标题下进行研究；然后再用同样的方法来探讨功利；最后再针对德行和功利发生矛盾的情况进行理性的分析。

自然与理性融合的和谐美

自然赋予所有的动物以自我保护的本能。在这种本能的驱使下，动物不论大小强弱，都会尽量地去避免一切对自己的生命或躯体安全有可能形成的伤害，同时还要为诸如吃、住、行之类赖以生存的必需品不停地操劳。除此之外，生儿育女、传宗接代——同样也是所有动物所具有的共同特性。

但即使如此，人和一般动物之间还是有着明显的区别：一般动物根本就没有时间的概念，它们的行为只受感官触觉的支配，所有的行为活动都集中在如何适应即时的环境上。人类表现出有别于动物之处主要源于人类的理性。理性能够帮助人类领悟一切事物发展的全记录，并指导人类判别事物的黑白是非及其因果关系，从而把各种事物联系起来，综合分析利弊，以期为了生命的存在而做必要的准备。

理性的力量甚至改变了自然的命运。共同的语言和密切相关的生活把所有的人联系在了一起——这是自然的功劳所至，但理性却使人们更加注重了博爱与抚养下一代人的责任意识。自然与理性糅合一起，使人类在部落群居、公共聚会中不断地提升着自己的生存取向，又从提升的生存取向中制定相应的责任目标。

比如男人就被要求必须努力地工作，目的是为他们自己，同时也为了他们的妻儿以及需要他们赡养和服侍的人过上舒适的生活。生产说到底就是为了获取大量的物品。自定的要求和责任往往会激起人们内心的勇气，以至于使人们在谋生的过程中变得更加富于理性和坚强。

对真理的渴求和探索是人所特有的兴致。当我们有了空余的时间且不必再为工作所累时，内心自然就会产生对某种新奇的事物的视听需求，而且我们还会意识到幸福的生活总是充满了对新奇事物的憧憬乃至愿望的实现。

我们在各种社会生活中逐渐地认识到，那些真实、纯真的东西对我们人的天性原来是再切合不过的了。人类除了具有对真理探求的天性之外，还有一种追求自身独立的本能愿望。从这个意义上讲，自然所赋予人类的初始意愿在任何群体中都存在排斥性。除非有某个人做了让公众拥戴的正义事业，或者具有绝对服众的能力统治自己所在的部落。真正意义上的伟人大抵都是从这类世俗的环境中历练出来的。

自然和理性向我们表明：在动物中，人是唯一能够感知秩序和礼仪的生灵，只有人类才知道如何管制自己的言行，而动物根本就感受不到这个世界和谐的美，也无法从主观上去创造和谐的美。

此外，自然和理性还把人类的这种和谐的美从感性世界延伸到精神世界，她让人意识到道德的美和法规秩序在人们日常的言行中所占有的重要性，因而自然和理性就会显得异常的谨慎，她督促人们：为了延长和谐的美的生命力，不去做那些不合时宜或猥琐的事情，同时还要在思想和行为上有效地杜绝他人去做那些虚妄的事情。

以上我所论述的内容就是在这一卷中我将要探讨的道德上的“善”的雏形。我的观点即使得不到所有人的全部认同，但至少应该让这种善得到应有的社会名分。从善的自身的属性而言，它没有得到人们一致的称颂，并不意味着它不值得称颂。

道德责任的来源

亲爱的玛尔库斯，经过我的一番解说，你现在对道德上的“善”应该有一个比较明确的认识了。柏拉图曾这样说过：“我们一旦用肉眼看到它（道德），那么它（道德）就会唤起我们心中对智慧的爱。”但凡普天下能列为有德之事，大抵都源自如下四种中的其中一种：一是充分且又充满智慧地探索和发展真理；二是维持一个有法规的社会，让所有的人都担负一定的责任，并忠实地履行应尽的职责；三是具有一种崇高的、坚强的、永不屈服的伟大精神；四是言行举止温文尔雅、处乱不惊，并善于克制自我。

上面我们所说的这四种来源虽然相互联系、彼此交织，但每一种都会产生与其对应的道德责任。比如我在上面说到隐含智慧和谨慎的第一种来源就产生探索真理的责任。这种责任体现了人们对美德的特殊要求。其实任何一个人在既定的条件下愈是清楚地发现了真理，他就愈能准确而又快速地解释其真理的定义，他也会因此被他人认为是聪明而富有悟性的人。所以我才会说，和第一种道德责任来源相关联的唯一事物就是真理。

另外三种美德的任务就是为现实生活提供那些必不可少的东西。当人们的日常生活有了这些可被依赖的东西，人与人之间的和谐关系便能得到相应的维持。人与人的和睦相处，使人们的灵魂深处的崇高与责任感相得益彰。大家都在为他人受益而尽职尽责，但同时又不为自己的得益而心动。至于温文尔雅、处乱不惊，以及自我克制等这些规则不仅要在人的意识活动上得以体现，更要将其付诸实践。因为我们只有在一定程度上把礼仪和秩序合理地应用到我们的日常生活中，我们才能使道德上的“善”得以保持。

论求真是为人类之本性

在对道德上的“善”所罗列的四种基本观念中，一开始我们就接触到关于真理的知识，它恰恰也迎合人类善良的本性。现实生活当中的每一个人都对知识有种强烈的渴求之情。在我们所能认同的视界里，拥有渊博的知识无疑是无上光荣的，那些因无知而犯错误、愚昧又冥顽不化的人自然也是可耻的。

由于渴求知识是顺乎自然又是合乎道义的，所以我们必须尽力避免犯两种错误：其一是我们不能不懂装懂，更不能毫无主见地附和别人的观点，不论做什么事，我们都应该力求有目的、有意义地去做；

其次是办事要有灵活性，不能执拗到底，更不能沉溺于研究那些难以解决而又毫无意义的事情上。

倘若我们能够很理智地避开如上的错误，并去刻苦地研究那些符合道义又有真理意义的问题，那么所有的付出都将会得到回报。我说的这方面成功的例子有很多。诸如文学方面的盖乌斯·苏尔皮修斯（Gaius Sulpicius）；数学领域的塞克斯提乌·庞培（Sacstiu Pompey）……在逻辑学和民法学方面则有更多的名人。这些人在自己所研究的学术领域孜孜不倦地探索真理，固然让人敬佩，但必须提出疑虑的是，如果他们的研究和探索脱离了实践生活，那就不符合道德责任的要求。

美德的荣誉应该归属于实践活动。但事实上人们所崇尚的实践活动往往难以顺利地开展下去，它总是时不时地被中断，因此人们也总有机会转到理论的研究上。人类的大脑思维是从不会间断的——它总是迫使我们马不停蹄地探索着知识与真理。而那些符合道义、对我们过幸福生活有帮助的事情，以及学问的研究等，都是我们所有的意识活动始终集中的对象。

以上我所谈的，就是关于责任的第一种来源的讨论。

论形形色色的不公正

在其余的三种来源中，被广泛应用的是被我们社会大众叫作“公约”的东西，以及“公约”得以维持的原则。“公约”原则包含两个方面：一是公正；二是博爱。所谓公正，它是被公认为“好人”的前提，也是美德最大的荣耀；而博爱则与公正有很大的关联，它也可被称作仁慈和慷慨。

公正的评价基于两个方面：一个是不去做那些伤害他人的事情——除非被某种邪恶所激怒；另一个是引导人们自觉地把公有财产真正地用到公众的事业上，把私有的财产用到个人的需要上。

不过，现实社会并没有“自然”地赐给我们建立私有制的东西。财产成为私有之物不外乎是通过三种途径来实现：第一种是因长期占有而获得（比如有些人长期以来就居住在那些无人占领的地区）；第二种是通过征服而占有（比如通过侵略战争）；第三种是通过合法的程序而获得（如购买和配给）。依据上述的原则，阿尔皮侬①的土地应该属于阿皮奈特人（Arpinates）的；图斯库伦②的土地应该属于图斯库伦人（Tusculans）的。这些都属于私有财产获得的情形。我们现有的私有财产都是由原来的公有财产通过上述各种方式转化而来的。因此，我们应该予以百般的珍惜和保护。如果有人把不属于自己的东西占为己有，那他的行为就是违犯了社会的法规。

柏拉图曾说，人生非为自己而活，我们的国家和我们的朋友都需要我们为他们尽一份义务。斯多葛学派认为，世界上所有的东西都是为人所用的。因为人也是为了别人而存在的，所以人与人之间才能够相互帮助。我们应该遵从“自然”的意旨：相互关爱和帮助，为公共利益做出自己的一份贡献。比如我们可以通过我们的智慧、才干以及辛勤的劳动与合作，使我们的社会联系得更加的紧密，使人与人之间的关系更加和睦友好。

公正的真正内涵就是诚信。也就是说，人要信守承诺、从不食

---

① 阿尔皮侬（Arpinum）位于罗马东南，西塞罗出生地，现今叫可尔皮诺。

② 图斯库伦（Tusculum）：罗马东南郊外的土地。

言。在这一点上，尽管有些人认为斯多葛派的解释未必全面，但我还是比较赞同他们关于诚信的定义。他们认为，诚信之所以叫诚信，就是因为人们信守了诺言。

不公正表现在两个方面：一方面是对别人进行伤害；另一方面是对伤害他人的行为本能够阻止却没有阻止。具体说，一个人在愤怒情绪或其他情绪的鼓动下可能会去误伤另一个无辜的人，尽管是误伤，但事实上已经起到了对自己的亲朋好友下毒手一样的恶果。

如果一个人对伤害他人的行为本来能够阻止却没有予以阻止的话，这同样也是罪孽，而且其恶劣程度如同抛弃自己的父母、朋友和祖国。

要特别指出的是，那些故意对他人实施伤害行为的人，他们总是能为自己的犯罪动机找到“合理”的借口：害怕别人对他们实施伤害。也就是说，如果他不害人，则要面临被人所害。殊不知从事罪孽行为的人绝大部分还是想达到自己某种目的，而导致这一目的的主要原因则是内心的贪婪。

*　　　　*　　　　*

通常情况下，人们对财富追求的目的无非有二：一是出于生活的需要；一是为了享乐。而那些有着很大野心的人则是为了得到权力、名望和惠及天下的资本。记得玛尔库斯·克拉劳曾说过，一个人若是想成为国家的首领人物的话，他拥有的财富必须能养得起一支军队，否则他获得多大的财富都将不会满足。追求物质的丰裕，比如豪宅、贵重的生活用品等能使人感到身心的愉悦，但这些愉悦本身又会使人产生追求财富的贪婪之心。如果这种贪婪不会祸及他人，那么我们姑且不去非议它，但如果殃及他人，或是不公正地攫取他人，则无论如何也是不能容忍的。

遗憾的是，大部分人在为追求军政等方面生杀予夺大权的时候，对财富的贪欲之心往往也会鬼使神差地随之膨胀。每逢此际，自己的行为公正与否？自然也已经不是他们要考虑的事情了。恩尼乌斯曾批评这种人“为了王位，就不再顾及纯真的友谊，也不再顾及忠贞的道义”。此话不无道理。大家都一个劲儿地往一个王位上挤，从那些觊觎王位的人们一张张狰狞的面目中，我们可想而知竞争的程度是何等的激烈？在这种情况下，什么“纯真的友谊”？什么“忠诚的道义”？统统扯淡！最近，盖乌斯·凯撒①的丑恶行径就证明了这一点：他为了攫取至高无上的权位，就把一切的神旨和社会法规践踏殆尽。诚然，盖乌斯·恺撒只是弥漫在社会上的争权夺利者的一道缩影，有太多所谓伟大的人物，在追求财富荣誉、军政权力上也都表现出了永不满足的欲望。作为凡夫俗子，我们在他们面前除了要更加倍小心，还是要多加小心。

对于那些不公正的行为来说，不论是缘于人们的一时冲动，还是出于早有预谋的设计，都应该遭到批评和指责。但比较起来，二者还是有所区别的。

一般而言，人们对那些一时冲动犯的行为大都能予以原谅和宽恕，给予的惩罚也比后者轻。但对于有预谋的故意犯罪，我在前面已经说得够多了。就不在此赘笔。

---

① 盖乌斯·恺撒（Gaius Caesar）：公元前？～前44年，罗马帝国早期的典型暴君。他建立恐怖统治，神化王权，后来在参加一次例行元老院会议时被一群蓄谋已久的元老刺杀。

*　　　　*　　　　*

为什么有些人对伤害他人的行为本来能够阻止却没有阻止呢？原因有多方面。一如担心因为阻止他人而给自己招致麻烦和祸害；一如自身内心的冷漠或慵懒无能；一如自己事务繁多，腾不出时间管别人的事……如此说来，想必会有人要说柏拉图的关于哲学家的那种说法是不太恰当的了。柏拉图说，哲学家忙于真理的探索和研究，他们根本没有时间和精力去顾及这些毫无意义的东西；再加上他们本身就鄙视大多数人的追求和那些为了一己利益而进行的纷争，因而他们的表现是正确的、公正的。

如果我们单从他们没有伤害任何人这一点上看，也许柏拉图的说法是公正的，但问题是哲学家的处事态度本身就违背了公正所要求做到的另一点——他们对别人的生命太冷漠无情——这种所谓的公正当然是要被打折扣的。在柏拉图看来，如果没有任何的强迫措施，哲学家是不愿履行什么义务尤其是公民应尽的义务的。但我个人认为，哲学家还是自愿履行义务的好。因为公民义务本质上就是正当的，哲学家也是公民，只有自愿自觉地履行了义务，才是真正的正义。

还有这样一种人，由于他们只热心于自己的事业或出于对世俗的厌恶，因此对其周边的事务漠不关心。从表面上看他们似乎不危害别人，独善其身，以此显示出了所谓的公正，但实际上他们也和柏拉图所说的哲学家一样——陷入了另一种不公正：他们背离了这个世界，逃离了现实生活。他们既没有为社会牺牲自己的利益，也没有为这个社会贡献自己的财富。

我们之所以能够很清晰地分析出在某种情况下我们应尽的责任，就是因为在前面我们已经把公正所包含的两方面内容都明确地进行了表述。从而也预示出了公正得以存在的原则。在这种原则下，我们只要不自私，就可以很清楚地意识到我们在各种情形下应尽的义务。尽管谁都知道这并非易事。事实上，我们很多人正如在特伦斯的戏剧中克里摩斯认为的那样：和别人有关的事情都和他有关。但是，当一件事情发生在我们自己身上，并显示出与我们的利益密切相关时，我们则会有真切地感受的欲望，而不再是“事不关己，高高挂起”了。因而，我们可以看到有些人提出这样的一些戒律：似是而非且莫为。“是”意为人性的闪光点；“非”则是非人性的东西。

* * *

在现实生活中常常会出现这样的情况：那些平常看起来好像是最切适合君子们的责任的东西突然间发生变化，而且会变成和它完全相反的结果。比如，遵守诺言可能就不是一种责任，在特定的情况下，逃避自尊和真诚的事情也许反成了正当的行为。不得不承认，我在一开始提出的有关公正的那些原则——不伤害任何人；维护公众的利益——这可能会误导一些人。现实生活中有许多事情的变异可能会促使通常性的公正原则发生变化，而与此相应的道德责任也会发生变化。

人们之间的承诺或签订的协议有可能会产生这样的尴尬：如果双方按彼此承诺或协议的内容条款去做，那么出现的结果有可能对承诺方有利，也有可能对被承诺方有利。在我们知道的一部戏剧里，如果涅普敦①不去履行他对特修斯②的承诺，那么特修斯也就不会失去他的儿子希波吕托斯。在那部戏里，涅普敦许诺为特修斯实现三个愿望

① 涅普敦（Neptun）：希腊神话中朱比特的兄弟之一。
② 特修斯（Theseus）：传说中的希腊雅典公爵。

(三个愿望分别是从冥界安全返回，逃出迷宫，希波吕托斯之死)，但是他的第三个愿望却是在愤怒之下说出的，结果他诅咒希波吕托斯死去的愿望真的应验了，为此他痛苦不已。这场戏中的教训告诉我们，信守承诺固然重要，但如果我们认为一个承诺实际上是对被承诺者造成伤害时，我们完全可以不去履行。我们在行事前根据有利无利的原则进行权衡，并做出适当的选择——这并不违背道德责任。

举例来说，假如你已经允诺在法庭为某人进行辩护，可是恰好在你临行前你的幼小的儿子突然生病，还有什么比人命关天更重要？你因此无法按照彼此的约定去法庭，这就不违反道德责任。如果你的委托人因此而对你抱怨，这只能说明他对道德责任的理解实在是太肤浅了。再比如，所有的人都知道，一个人在受骗、受到威胁、或在不知事情真相的情况下而做出允诺，这类情况同样无效。有关这方面的规定，可以参见司法官的“平衡法”令，[①] 也可以参见“法律”。

不公正还常常是由于阴谋诡计所导致的。有些官员工于巧计，搞欺诈性立法，以至现在社会上广泛流传着这样一种说法：法律越多公正越少。即使是在国际事务上，也常有些人就很善于利用法律上的言辞进行诡辩。比如，斯巴达国王克里昂米尼（Cleomenes）在一次战争中，曾经与敌人签了30天的停战协议，但他却在此期间内向敌人进行了夜袭，他为此诡辩说协议中只说在“白天”停战而没有说不准在晚上进攻。类似的现象在我们国人中也发生过：元老院派某人（有人说是奎因图斯·法比乌斯·拉贝奥，但我不敢肯定是谁）去仲裁诺拉与那不勒斯之间的边界纠纷。

① 指古罗马司法官在就职仪式上宣布自己任职期间施政的各项法令。

这位仁兄向双方提出不要扩张、相互退让的要求，双方都接受了他的建议。结果在这两者疆界的中间便产生了和平地带，可是不久后他又把这一地带仲裁给了罗马人。这算什么公正？分明是欺诈。

像这种通过施用阴谋诡计达到不可告人目的的卑劣手段，无论何时何地，都应该遭到人们的唾弃。

论战争的守信与履行诺言

从广义上讲，我们对那些曾经有负于我们的人也负有一定的责任。即使是与我们不共戴天的敌人，我们对他们的惩罚或报复也应该是有一定限度的。我惩罚或报复他们，目的是要他们对他们自己曾经干过的坏事感到后悔，我们要给他们自省的时间，能让他们以此为鉴，使他们在心中觉得有愧于我们，以后不会再危害我们，这就足够了。

惩罚敌人的手段有很多。其中最无奈的就是战争。其实，当国家之间产生矛盾时，战争并不是解决问题的唯一途径。通常情况下，解决国与国间矛盾的方法有两种：一是谈判协商，再者才是战争。前者是最能体现人性的举措，而后者就有可能失之野蛮。只有当谈判不成时才可以诉诸战争。发动战争的目的无非是为了让我们能够重新获得和平的生活环境。从人性的角度出发，我们应该饶恕那些没有犯下滔天罪行的敌人。我们的祖先在这点上已经给我们留下经验和教训。他们给予图斯库兰人、沃尔西人、萨宾人和赫尔尼基人充分的公民权利，但他们却把迦太基的努曼提亚打得千疮百孔，他们甚至还捣毁了科林斯。我相信他们这样做自有他们的特殊理由，他们从中获得了地理位置上的便利。但获得这些便利后就能保证他们不再继续扩张了吗？在我看来，如果我们能够始终不渝地维护和平，杜绝阴谋诡计的滋生，那么我们的政府即使不能成为世界上最好的政府，但至少也能成为公正的政府。但事实上，直到现在我们仍然还不是。

我们不仅要对那些曾经被我们以武力征服的人施以仁慈，对那些放下武器向我们投降的人更要提供安全保护。我们要在这方面制定相应的公正法规，以期提醒我们国人的重视。我们祖先的惯例中就有这方面的规定：如果不承诺对被征服地区的给予保护时，那么就没有资格对该地区进行监管。

在宗教教义的要求下，有关战争的法律都进行了人道化的规定并都载入了罗马的一些有关战争的法典中。我们据此可以推知，如果在战争之前没有向对方正式提出或做出任何相应的表示，那么任何武力攻击都是非正义的。波比利乌斯曾经是一个省的行政长官，当他初次带兵打仗时，加图的儿子正好在他的一个军团中服役，后来这个军团被解散了，加图的儿子也被罢官。但是加图的儿子非常想留在军队当兵，于是加图就写信给波比利乌斯说，如果他的儿子要继续待在军队，那他就应该重新进行宣誓，否则他就没有资格当兵，更没有资格同敌人作战。作为士兵，本来就应该以严格地遵守纪律为天职。加图同时还写了一封信给小加图。信中警告说，如果没有重新宣誓，千万不要参加战斗。因为从法律意义上说，没有宣誓则不是士兵，不是士兵，则没有资格作战。

*　　　*　　　*

还应该指出的是，在对敌人的称呼上过去和现在就有着很大的不同。过去人们称敌人为“客人”，而现在则称其为“好斗的对头”。

比较起来，就会看出过去的称呼词比现在更倾向于温和。我们祖先所指的“敌人”，现在又被我们叫作“陌生人”。这一点我们可以从《十二表法》(《十二表法》是罗马法发展史上的一个重要里程碑。在此之前由于使用习惯法，司法权又操纵于贵族，任其解释，进行司法专横，引起平民不满。结果是元老院被迫于公元前454年成立了十人立法委员会，并于公元前451年制定法律十表公布于罗马广常次年，又制定法律两表，作为对前者的补充。）中得以证实。比如决定在某一天对陌生人进行审问，或在对敌人进行惩罚的时候，不应该因为审问或惩罚而剥夺其所有权等。我们从这样的称呼出不难看出其中所包含的人道与宽容。但遗憾的是，随着时间的推移，我们现在所说的“陌生人”已经不具有它原来的含义，而是特指“武装了的敌人”了。

但不管怎么说，我们进行战争的目的无论是为了最高的权位还是为了某种荣誉，都不能与我在前面所说的那种开战的唯一动机相背离。即使完全是以荣誉为目的而发动的战争，同样也不能进行的太残酷。对付敌人，方法不能一概而论。打比方说，如果我们的对手是本国的同胞，如果对方对我们进行残酷的攻击，我们可以采用一种对付的办法，如果对方只是我们某种领域的竞争者，我们则要采用另一种对付方法。我们与敌人之间的斗争是为了生命和荣誉，但与普通的竞争者之间的斗争却是为了官位。我们为了命运的生死存亡而与克尔特伊比亚人和辛布里安人进行的战争就比较残酷，但为了地位而与拉丁人、萨宾人、迦太基人和皮勒斯人等之间进行的战争则要视对方的情况而灵活地变换我们的态度。迦太基人失信毁约，汉尼拔[①]很暴虐，

---

① 汉尼拔（Hannibal）：公元前247～前183年，军事统帅，是迦太基将领哈米尔卡尔·巴尔卡的儿子。

其他的对手就比较仁慈。我们和他们交战，就要分不同的作战目标。记得皮勒斯人和我们交换战俘时，曾给我们留下这样一段话：

你们什么价钱都不要开，因为我们什么都不想要。
知道吗？
我们不是发动战争的刽子手，而是全副武装的勇敢战士。
我们可以付出生命，但不是为了金钱。
我们披上战袍，手握刀剑，走向战场。
命运女神终会在你我之间作出谁是胜者的判定。
善良的人们，你们听着：
不管敌人多么威猛，战争已经不重要了。
我给他们自由。
伟大的罗马人，我把他们交给你们。
送他们回家吧，诸神都在为你们祈福。

这番话说得既精彩又不失公正。真不愧为埃基代人的出色的接班人。[①]

*　　　　*　　　　*

轻诺必寡信。所以，不管在什么情况下，即使你对敌人作了承诺，那么也应该兑现。在这一点上，勒古鲁斯[②]就做得让人心服口服。他在第一次布尼战争中被迦太基人俘虏了，对方给他一个条件，说是如果他答应能够返回，那么他们就派他回去和罗马商谈交换俘虏事

---

① 译注：埃基代人，希腊神话中的英雄矣阿科斯的后裔。

② 勒古鲁斯（Regulus）：公元前256年罗马执政官。

宜。他答应了对方的要求，只身回到了罗马。但是他却告诉元老院不要与迦太基人交换俘虏，元老院采纳了他的建议。于是他的亲朋都劝他不要再回敌人那里去了，勒古鲁斯却说，即使回去了被敌人处死也必须回去，他不能违背自己许下的诺言。

和勒古鲁斯相反的例子也有。那是发生在第二次布尼战争时期。这场战争的坎尼战役之后，汉尼拔为了赎回被罗马俘虏的士兵，便假释了罗马的十个战俘，并要求这十个战俘宣誓，如果完不成交换战俘的任务，他们就必须回到战俘营地。结果这些战俘一回到罗马便被剥夺了公民权并被贬成奴隶。原因是他们自身先违背了被俘即不能屈服生还的誓言。情急之下，其中有一个俘虏耍了个计谋，他在出发后不久又返回营地，他谎称自己忘了带东西。据说他第二次离开战俘营地就不用再履行原来的誓言了。这明显是在故意曲解誓言的内在含义，因此，最终他还是以违背履行承诺罪而受到了惩罚。

谈到诺言的话题，我不得不再提一提我们的祖先——他们在公正地对待敌人方面，确实给我们做了很好的典范。曾有一个从皮勒斯（Pyrrhus）军营逃来的叛军来向元老院请缨，说是他愿意潜入军营毒死他的国王。结果元老院还是把这个叛军押解去交还给皮勒斯。他们以此举动向皮勒斯表明：他们不愿意用奸诈的手段来获取战争的胜利，哪怕敌人是一个强大而难以战胜的对手。

通过如上所谈的事例，我想我们已经可以印证我如前所提到的观点，即：即使对方是很卑劣的敌人，我们也应该公正地履行自己的诺言。就目前来说，尽管奴隶的地位和命运再卑贱不过，但我们仍应该像对待雇工一样公正地对待他们。他们虽然要参加劳动，但同时也应该得到属于他们那一份报酬。

伤害一个人的方式大抵有两种：一种是暴力；另一种是欺骗。暴力的方式就像狮子一样残忍；而欺骗的方法则像狐狸一般狡猾。这两种手段不管结果怎样，其卑劣的目的都违反了人类善良的本性，人们对他们都必须多加提防。相较之下，欺骗还比暴力的手段更加卑鄙。那些丑陋的伪君子，即使在实施最邪恶的阴谋，他们仍能够呈现给我们一副诚实的面孔。

关于公正话题的讨论，我就先谈到这里吧。

施惠与受惠的道德责任

接着上面的讨论顺序，现在我们接下来要探讨的是关于仁慈和慷慨的话题。

人性中最美好的品质莫过于仁慈与慷慨。但这并不意味着仁慈与慷慨随处可用。我们在发扬这两种品质时，应该注意三个方面的事项：一是在施惠时决不能对受惠者造成任何的伤害；二是施惠要量力而行，不要超越自己的财力；三是不可超过受惠者其本身承受的程度。我们讲求凡事公正，不仅仅只是指惩罚方面的公正，施惠也同样要有公正。施惠一旦失去公正，善良的价值就无从谈起。尤其值得注意的是，有些人本意上想施惠于人，但实际上这种施惠含有某种伤害性，结果使这种施惠适得其反，我们也不能将其称之为慷慨。向别人表示慷慨却伤害了别人，这和霸占邻居财产的行径并无二致。

现在有些人尤其是一门心思都在为自己的荣誉和地位升迁而不择手段的人为了达到自己的目的，便以所谓的施惠的方式来收买他的同党、同僚和朋友，然而这种施惠并不是他真正的慷慨解囊，而是通过对另一部分人疯狂的掠夺，来填充其同党、同僚和朋友的物欲。如果这种行径也被称为是仁慈或慷慨的话，那真是对道德责任的无耻亵渎。我们必须时刻牢记，对朋友的慷慨绝不能建立在对其他人的伤害这个基础之上。像鲁修斯·苏拉[①]和盖乌斯·凯撒那样把从一拨人手里夺来的合法财产送给另一拨人的做法，根本就算不上什么仁慈或慷慨之举，恰恰是违反公正的行为。

我在上面提到施惠的第二个注意事项，亦即施惠要量力而行，不要超越自己的财力。否则我们就很可能犯下两种错误：一是本应属于亲属的合法财产被转让给了他人，这就侵犯了亲属财产拥有的合法权益；二是这种超过自身限度的慷慨很容易导致对他人财产的占有心态，其结果自然是顾此而失彼。其实有些人对别人慷慨的动机并不是真心的仁慈，而是想炫耀自己的崇高。这种崇高如果也叫崇高的话，我看不如说它是伪善。

再说施惠不可超过受惠者其本身承受的程度，其意义就是提醒我们给受惠者以恩惠时，要根据对方值得我们施惠的程度区别对待，不能搞平均分配；要观察对方的品质、对方与我们的关系程度、对方对我们的态度、彼此相互影响的大小，以及对方对我们有过其他方面的什么帮助等。如果一个人同时具备了我所说的这几点，那固然是好。但若是条件不全，则应该选择更符合我们施惠的条件人身上进行施惠。

---

① 鲁修斯·苏拉（Lucius Sulla）：公元前138～前78年，古罗马政治家，军事家，独裁者。

论施与受的相称

众所周知，十全十美的人在现实生活当中是很难找到的。如果我们在某个人身上发现我们所不具备的又类似于美德的品行，那么我们完全就有理由称他为一个好人了。我有一种观点，不知道说了会不会得到你的认同：一个人哪怕只有些许美德，他也不会受到大家的排斥；如果美德越多，那么他会广受到大家的称赞。在我所说的这些人的美德迹象主要有谦虚、自律、公正等。我在这里没有提到刚毅，因为一个缺乏智慧却勇敢的人往往表现得很莽撞。

我们在向别人履行自己的责任时，还要考虑他们与我们之间的情感状况。我们要义无反顾地为那些最爱我们的人做最多的事情，但我们在衡量彼此之间的感情程度时，应该着重考察它的时间长度和深度，不应该像小孩子那样，只看一时的情感冲动的强度。当然，如果某个人曾经有恩于我们，那么我们首先要做的就是去报答而不是施惠。相较而言，因为感激而履行报恩的责任是比其他任何事情都更重要的事了。

有人说，一个人因为穷困而向他人借钱，但在还钱的时候就应该加还利息的那一部分。如果都按这种方式去办，那么我就要问了：人们对于那些为我们提供无偿援助者，我们又应该如何连本带息地奉还呢？难道我们要把自己当作一块肥沃的土地那样，向为我们提供种子的人还以谷子吗？如果那些借给人钱的人都抱着这样的观念，我看那钱还是趁早别借了。因为这并不属于施惠的善举。当然，我也不是在这里鼓励人们可以知恩不报。

接受他人的恩惠，也应该视程度而有所区分。一个人接受他人的恩惠越大，所承担的报恩责任也就越重。因此作为受惠者在受惠前就有必要观察一下施惠者的动机、目的是什么。有些人对别人施惠根本不是出于善意，而只是出于一种偏离人正常行为的病态表现，或是出于一时的头脑发热，一旦这种冲动消失了，他们也就不再那么慷慨大方了。这些情况都足以提醒受惠者对施惠者要进行综合考量，莫以为只要有人施惠就是好。

无论是向他人施惠还是报恩予他人，都应该遵循这样一个原则：你所施予的恩惠要与接受者的心理需求大小相当。违反这种原则，就不能成为真正意义上的施惠或报恩。

论施惠者的自身财力

如果所有的人都能够按照自己与周围人的关系程度来表现自己的慷慨和仁慈，那么我们社会的公共利益以及社会公约都将会得到最好的遵循和维持。

要想做到这一点，我们就要寻求达到这种美好场景的最初根源——“自然”给我们所制定的关于社会和公众的原则。社会原则促使社会的每一个成员之间建立起可以互为联系的理性和语言，并通过教育、通讯以及推理等方式构筑起人与人相互的关爱。自然对人类的偏爱，才使得人类早早就有幸脱离了兽性。当然，兽类也有他们的自己的秉性，比如马、狮子也有它们的勇气。但它们绝对不可能像人类这样拥有公平、公正和善良。原因是它们既没有理性也没有语言。

因此我们没有什么理由不承认理性和语言是将整个人类联系在一

起的一条无可替代的纽带。在这个纽带的作用下，“自然”为我们创造出了人人共享的资源的权利。除此之外，人们都很明白这样一个事理：尽管民法和其他法令把某些个人所拥有的财产明确规定归个人所有，但人们仍应该像希腊人说的“朋友间的所有东西都不分彼此”（柏拉图语）那样去看待一切个体的身外之物。另外，我在诗人恩尼乌斯的诗句中也发现了他对人类共同财产所做的描述。尽管他只是举了一个例子，但对于现实生活却具有普遍的意义：

那些友好地为迷路者带路的人，
就像用自己的火炬点燃别人的火炬一样，
他的火炬不会火炬接力，
而使自己的火炬变得昏暗。

这个例子虽然很简单，但却向我们明示一个道理，人类应该博爱，即使是面对陌生人，我们也应该向他们表达友好、送上自己的帮助，而这些慷慨的恩惠对我们本身又完好无损。和这种原则有关的格言还有很多。比如“流水人人都可以享用”“所有的人都可以借用我们的火种”“帮助犹豫不决的人出个主意”等等。

以上所列的事例，对施惠者来说没有任何的损耗，而对受惠者来讲又非常有益。况且这种事做得越多，社会公共福利也就越丰厚，可谓两全其美，我们何乐而不为？不过，现实生活中的矛盾往往是：施惠者的财力总是有限的，而需要受惠者的人群却是无限的——除了疯子，我们不会把有限的财力施予无限的需求者。我们应该遵循恩尼乌斯“火把不会因此而变得昏暗”这一原理去行事，才真正称得上是理性的施惠。

论施惠中的亲疏关系

必须承认，人类社会的关系十分复杂。尤其是人与人之间的亲疏远近和等级关系，更被“血统”二字隔成了无数的部落。在“我们都是人”这个无可争辩的意义上，还有同是一个民族、同在一个部族、同使用一种语言等这些更密切的关系；同是一个城邦的市民之间关系就比与他邦人之间的关系更为密切。毕竟在属于同一城邦的市民中，他们共同享有广场、神殿、商店、街道、雕塑、法律、投票权等。再进一步讲，那些经常交往的亲朋好友和商业伙伴的关系则更是紧密了。

不过，在所有人的所有社会关系中，亲属关系则是再密切不过了。亲属把所有的人本来可以无所不及的社会关系一下子收缩在社会关系的最小单位里，可以说，这正是自然的生殖本能赐予所有的生物所共享的礼物。亲属关系最基本的联系纽带是夫妻，然后是父母和子女以及由他们组成的家庭——这是建立政府的基础条件，也是国家得以形成的土壤。以家庭为基础的社会关系延续开来，会逐渐产生亲眷关系。比如兄弟姐妹之间的关系，堂（或表）兄弟姐妹之间的关系，以及隔代后形成的爷孙关系等等。天长日久，这些亲属关系逐渐地超越出一个家庭的容纳程度，只有向外扩散，于是一个个新的家庭又相继重建，而新的家庭和新的家庭又进行联姻，再出现更新的家庭。这样周而复始，亲属关系像殖民地一样不断壮大，扩张，血缘通过善意的表达和互爱，将人们的命运紧紧地维系在一起，一个由家族传统、家族祭祀仪式、家族机制建立起来的城邦便悄然形成了。

但是，在一切友好的社会关系中，再没有什么关系能超越由性情相合、志趣相投而成的友谊更牢靠的了。当我们从一个人身上看到我在前面所陈述的那种道德上的“善”时，我们必然会被他的这种光辉所吸引，并乐意与他结成朋友关系。在所有能够吸引我们的道德光辉中，公正和慷慨是最能让我们倾慕和欢欣的品质。我们崇尚好人之间的性情相合、志趣相投，因为只有好人与好人形成的亲善，才能让人感受到爱对方胜过爱自己，如果很多好人都能达到这种理想的友谊，社会则再和谐不过。

另外，善意的帮助也是产生牢靠关系的基石之一。当然，这得有个前提，即善意的双方的表现不能超越对方承受力，否则其善意便很容易遭到扭曲。

如果我们能用理性的眼光来细致地考察人与人之间的关系，我们就会发现，在所有的社会关系中，再没有什么能比把我们和国家联系在一起的这种社会关系更紧密的了。虽然父母、儿子、亲属都是我们挚爱的对象，但是祖国这样一个抽象而又具体的主体则把我们所有的爱都包容到一起。因此，为国家整体利益而牺牲个人的利益——是所有的爱国之士一生的追求与梦想。相比之下，那些阴谋分裂或曾经分裂国家的人，其丑恶的嘴脸真是再可憎不过。

如果我们把所有应该担负起的道德责任做一个按序排列，那么这种顺序应该为：国家和父母无疑是我们履行责任的首选；其次是需要我们的抚养和照顾才能生存的家人（包括儿女）；最后才是在生活中能够与我们和睦地相处与合作，并且在紧要的关头能与我们共渡难关的亲友。

在我们上面提到的所有个人或群体，都是我们应该施惠和资助的对象。但有必要指出的是，在人与人亲密无间的友谊中，我们担负的责任是真诚无私、相互告慰、交流沟通、鼓励互助，在有些时候，我们还要进行必要的批评和责备。总之，有了性情相合、志趣相投做基础，人与人之间的关系才是最美好的。

* * *

我们在履行责任时，还必须考虑诸如哪一个对象是我们最需要帮助的；如果没有我们的帮助，他们自己是否也能自助等问题。假如我们对这类问题做一个详尽的分析，就会发现：按照社会关系等级划分和按照事情的轻重缓急所划分出来的需要帮助的结果是不一致的。举例来讲，当在法庭上需要我们进行辩护时，我们首先要选择我们的亲朋好友而不是邻居，但是，当是到麦田收割季节时，我们首先应该帮助的却是邻居而不是我们的亲朋好友。因此，在履行道德责任之前养成通盘考虑的习惯，才算是真正的负起了应负的道德责任。

无论是谁，无论是医学家、军事家，还是演讲家，不管他们对自己本行业内理论的了解是多么精深，如果他们没有参加过相应的实践，他们便不可能有丰富的成功经验，他们在对被帮助对象进行取舍时也未必能有多大的把握。同样的道理，我们固然可以为一些道德责任制定应履行的规则，但这样做的首要前提仍是需要我们有足够多的实践经验。

总之，我们履行责任所遵循的道德上的“善”都是来源于那些适用我们人类社会的原则的。

但是，我们还必须认识到，虽然我们认同了道德上的正直和道德责任都来源于我在前面所讲的那四种基本的美德，但在世人的眼里，便凡能凭着那种崇高的、坚强的、永不屈服的伟大精神而获得的成就者依然是最荣耀的事。因此我们在数落一个人时，常常挂在我们嘴边的话是：“喂，年轻人，你简直就像个娘儿们，而那个姑娘却勇敢得像个男人。”或者说：“你这个萨马希斯①的儿子，既不流汗也不流血，却得到了这么多的战利品。”

当我们在称颂某一个伟大的人物时，我们便又会改用一些美好的词语。如果你留心的话，你将会从演讲家那里经常听到这样一些人的名字：马拉松、萨尔拉米、普拉泰亚、德谟比利、利乌科特拉等。另外，我们从科克列斯、德奇乌斯、格奈乌斯、马尔采鲁斯等数不胜数的雕像上也能看到，我们罗马的民族英雄能著称于世，正是因为他们的荣誉都是从战场上得来的。

关于勇敢与威猛的公正性

人在危难时刻往往会表现出一种出奇的求生能力和高昂的斗志。如果这种斗志最终目的是为了自私利益而不是为了公众利益，那这种斗志也是一种邪恶。因为他在本质上就没有美德的意味，而只是“唯我”为中心的生存观，所以这种斗志一点也不值得张扬。斯多葛学派曾经断论“支持正义事业的那种美德”才是真正的美德。由此我们也可以说，一切为了自己的利益，想凭借阴谋诡计而获得好名声的人，因为他们的行径超出了公正的范畴，所以他们是不可能得到真正荣誉的。

柏拉图也曾经说过：“所有背离公正的知识都不是真正的智慧。

① 萨马希斯：执掌小亚细亚一条河流的女神，相传喝了此河的水，人就会变得无比的娇嫩。

那些在危难时刻所表现出来的勇敢与威猛，如果他的根本出发点是为了一己之利益，那这也不是真正的勇敢与威猛，相反，它是一种耻辱的东西。”从这个意义上说，一个人只有勇敢与威猛并不完美，他还必须善良和正直，同时他还应该热爱真理，反对一切的欺诈和伪善。所有的这些品质都是公正的核心和精髓。

遗憾的是，那些大无畏的勇敢与威猛的精神却常常表现在一些人对权力的贪恋上。正如柏拉图曾经指出的那样，整个斯巴达民族就充满着一种对胜利的无比渴望。同样的勇敢与威猛精神倘若表现在一个普通人的身上，则希望自己能成为社会的甲等公民；若这种个人表现欲极端一些，则有可能发展成为独裁者。更可怕的是，当一个人追慕权贵时，他是很难把正义和道德放在第一位并显示公正之心的。从而导致这种人不会也不愿意使自己受制于辩论、法律和权威，也不会成为一个持公正和平之心与别人相处的人。与此相反，他们往往会成为煽动叛乱或从事败坏道德体系的行贿勾当的人。对照一下这些反面的镜子，我们发现我们所追求的公正仍面临着诸多困难。我们不能高枕无忧，而是要用公正的德行严格要求自己，极尽所能地去克服或战胜困难。

我认为，真正称得上勇猛威武的人，绝不是那些伤害别人的人，而是那些竭力阻止伤害别人行为的人。勇猛威武的人应该光明磊落，用自己的实际行动去明示道德上的“善”，而不是有名无实地只说不做。那些只依靠投机取巧而获得名誉的人根本就不算什么伟人。此外，如果一个人的野心很大的话，那么这个人做违背公正的事就会成为一种惯性，其中包括不择手段地伤害他人。再看我们身边的人，他们的情况怎样呢？我真无法下结论。至少，像我在前面说的那种虽历尽千辛万苦，但能赢得荣誉和成功的人还真是难求啊！

论勇敢而伟大灵魂的特性

但凡可被誉为勇敢而伟大的灵魂者，那是因为它具备了两种特性：一是对外界的环境从不看重；二是自身激发出来的行善美德。在第一种特性里，最值得他们倾慕和追求的是道德上的“善”和正直的行为，他们打心里向来不向任何其他人或多舛的命运屈服。而第二种特性指的是在他们经受各种逆境的考验之后，并没有改变他们做伟大而崇高的事情的初衷，而且在自己认准的行善美德上一往无前，从不怯懦，甚至在紧要关头也不惜舍弃自己的生命以及他们自己所珍爱的事物。

在以上所谈的两种特性中，能显示伟大灵魂的表现主要还是在于后者，前者则是包含着使人的灵魂伟大且漠视尘世的因素。对这两种品质进行判别应基于两个标准：一是看他是否把道德上的“善”看成是唯一的善；二是看他能否抵制得住一切外来的诱惑。我们不能忽视如下这样一种观点：如果一个人怀有伟大而英雄的灵魂，那他一定会鄙弃那些被大众所推崇的事物，同时，他还会通过自己的行为来表达他内心的厌恶。不管别人怎么想，我是比较认同这种论点的。

一个人的一生会遇到很多的困难和挫折，要想抵抗住这些磨难，他必须拥有不屈不挠的精神和意志。如果一个人没有被恐惧所征服却被财富的欲望征服，或者他辛苦劳作却又沉迷于享乐，这就是一种生存矛盾。

因此，我们在谨记如上所说的标准的同时，还应该竭力地摆脱包括财富在内的各种欲望的诱惑。灵魂狭小者总是挨不住对财富的狂热追求；而那些在没有财富时能够蔑视财富，在拥有财富时又能够慷慨施惠的人，才是最值得我们钦佩和赞美的。

除财富之外，我们还应该有效地抵制和驱除追求荣誉的野心。我们不能为了荣誉而放弃我们应有的自由。真正勇敢而伟大的灵魂，应该视荣誉为自由的桎梏。虽然政治上的荣誉可以带来各种权力，但这种权力不应当是追逐来的，况且假如这种权力影响了自由，那也应该断然地辞去职务。

我们还要尽力地控制好自己的情绪，既不要有过分的欲望和莫名的恐惧，又不要有过度的发怒——这样我们才能始终保持乐观和平静的心情；我们才能真正地获得道德上的稳定和品格上的正直；我们才能无忧无虑地自在生活。

不过，无论是过去还是现在，我们都不难看到逃避现实者。他们为了获得自己心灵上的安宁，躲避鄙俗和执政者的骚扰，被迫放弃自己的义务，隐居山林。在这些人中，有很多是著名的哲学家，还有一些有思想的人。我们还发现有些人干脆隐居到乡下去经营自己的田地。

其实，他们这些人能走到这一步，很重要的一条原因，那就是他们有一定的经济基础——他们和帝王的生活追求一样，不缺乏生活必需品，不受任何的权威所制约，能够随心所欲地尽享自由。

论野心与隐居者

恕我直言，那些有政治野心的人和隐居者的欲望是一样的。如果要说什么不同，那就是心的大与小。有野心的人认为获取的利益越多越好，而隐居者则在本意上只要拥有一点点的薄产，够上生活，就可以满足了。尽管这两种欲望都无可厚非，但相较而言，隐居者可以过上比有野心者更轻松悠闲的生活，而且也不会对其他人造成什么麻烦。野心者就没那么简单了——如果他们的野心是为私的，就是违民意的；如果他们的野心是竭力从事于有关国家事业的，那么他们就是符合民意的。而且，像这样的野心，民众也不吝给予他们应有的名誉和地位。

如果我们对那些虽然有着非凡的才华和能力但却不愿参与政务的人给予了充分的理解，那么我们也应当原谅那些因身体康健状况不太好或因其他的理由而退出政坛的人。但如果一个人退却职务又没有我们所说的这些原因，而且还胡乱地鄙视其他的文武官员的话，那么他的这种态度就理应遭到人们的批评。

这种人往往喜欢用一种很容易引起人们同情的借口来掩饰他们的消极心态。比如他们会说自己把荣誉看得很淡，没什么意思。实际上他们是怕吃苦、怕有麻烦、胆小怯懦。这种矛盾的群体最多的出现在“在野”的人群中。他们鄙视享乐，但又吃不得苦；他们淡看荣誉，但又不容政治受辱——在现实的生活中，他们的性格也表现得喜怒无常，根本没有前后可以一贯的处事态度。

应该尽量地让那些既有野心又有着很高的处理公共事务能力的人积极地参与政治参加公职竞争。因为除具有伟大气魄的人才，在这个世界上，再也没有其他人能够治理好一个政府了。

哲学家可以悠哉悠哉地过安宁的生活、无忧无虑地处世，并能够漠视我所说的那种外界的景况，他们的需求很少，不会有什么大风浪撞击他们，也不会有什么风险给他们带来不测，他们的学识地位更不会因为遭人非议而一败涂地。但有心从事公务的人则不同。他们的职业感和他们的野心会使他们必须面对经常出现的各种麻烦和问题，他们有很多激情，一心总想着如何成功，他们的情绪波动厉害，更关键的是他们会为了目标而拼命地工作。

如果一个人要去从事公务，他首先要具备任职的能力，其次是不要只想着官职带来的荣耀。他还必须做好面对各种挫折的心理准备，在任何逆境面前都不能丧失自信心，但也不能盲目地自信。要学会调节自己的情绪，更需要有伟大的气魄和理性的处世态度。

论战争与和平的功绩

很多人都认为，战争与和平相比能为社会带来更伟大的功绩。然而这种看法是不对的。那些贪图名利的野心家总喜欢寻求战争的机会，在那些勇敢而富有才华的人中这种情况尤其多见。一旦他们喜欢军旅生活，热爱战争，用战争获得荣誉就更成为他们的必经之路了。但只要我们仔细地考察历史，我们就会清楚发现和平时期的功绩往往比战争时期的功绩更宏大而荣耀。

举例来说，无论人们怎样赞美地米斯托克利[①]，无论他的盛名多么显赫，即使他有像萨拉米战役[②]这样的辉煌（这一战役表现出的才华要胜于梭伦在设立“元老会议”中表现出的才能），我们也不能认

---

① 地米斯托克利（Themistocles）：古希腊将军，因治军有方，被誉为常胜将军。

② 萨拉米战役：指公元前480年发生在萨罗尼克海域的一场针对波斯人的海战。

为梭伦[①]的功绩就不如他的。地米斯托克利的功绩是为国家带来一时的利益，但梭伦的贡献与之相比却具有永恒的价值。通过他的立法，雅典人及其祖先的各种机构和制度得以延续流传。而且正是“元老会议”给予地米斯托克利援助，那次海战正是由梭伦创立的“元老会议”担当指挥任务的。

帕乌撒尼亚斯[②]和莱山德[③]也是类似的例子。人们通常认为正是由于他们的功绩斯巴达获得了霸权，但我们必须承认，他的功绩远不及来库古[④]制定法纪的功绩。而且要知道，帕乌撒尼亚斯和莱山德能拥有如此勇猛而纪律严明的军队也要归功于琉库古斯当年制定法纪的辛劳。再拿我自己来说，在少年时，我就认为玛尔库斯·斯考路斯[⑤]要胜过盖乌斯·马里乌斯[⑥]；任职期间，我认为昆图斯·加图卢斯[⑦]并不逊色于格奈尔乌斯·庞培[⑧]。武力的背后若是没有智慧，那武力也将毫无用处。也正是这个原因，即使阿菲瑞卡努斯才能卓越，摧毁了努曼提亚，他的功绩仍不及普布里乌斯·纳斯卡[⑨]同时代的功绩。后

---

① 梭伦（Solon）：公元前638～前559年，古雅典政治改革家和诗人。

② 帕乌撒尼亚斯（Pausanias）：古斯巴达国王。

③ 莱山德：公元前？～前395年，古斯巴达名将，贵族出身。

④ 来库古（Lycurgus）：约公元前8世纪，古希腊最早的伟大立法者。

⑤ 玛尔库斯·斯考路斯：公元前162～前89年，古罗马“元老院”领袖之一。

⑥ 盖乌斯·马里乌斯：公元前157～前87年，古罗马著名政治家，军事家。

⑦ 昆图斯·加图卢斯（ Quintus Catulus）：公元前120～前60年，罗马政治人物，元老院内保守派“贵族党”的领袖之一。

⑧ 格奈尔乌斯·庞培（Gnaeus Pompey）：公元前106～前48年，罗马共和时期的政治家，政论家。

⑨ 普布里乌斯·纳斯卡（Publius Nasica）：公元前48年的罗马执政官。

者在缺少官方权力的情况下，除掉了提比略·格拉古①。当然这件功绩并不是纯粹的和平的功绩，而是使用了武力，带有战争的性质，但它不是通过军队获得的，只能算是一种政治手腕。

有一句诗曾揭示所有真相，不过它常被阴险善妒的人非议：

长袍降服了武器；

对文官的赞誉胜过桂冠。

不用寻找更多的例子了，在我当政时不是也出现了“长袍降服武器”的事吗？当时共和国正受到威胁，和平蒙受危机。在我的谨慎和劝告下，那些背叛祖国的亡命之徒最终放下了武器，心悦诚服的！什么样的武力能如此不战而屈人之兵？什么样的胜利有如此的荣耀。亲爱的玛尔库斯，我可以向你夸口，你当继承我的功绩，效仿我的作为。因为就连像格奈尔乌斯·庞培这样的大英雄也曾经在众人面前夸赞我。他说，如果没有我为国家做出这一贡献，为他在自己的国家留下一个可以庆祝胜利的地方，他的第三次胜利将毫无意义。

历史的众多事实证明，文官的勇气不亚于军人，他们可能要付出更多的精力，需要更伟大的献身精神。

论心灵的勇气和智慧

在一个高尚的灵魂中，我们会发现道德上的“善”不是产生于身

① 提比略·格拉古：公元前162～前133年，盖乌斯·格拉古之兄，青年时投身军伍，经历无数战争，体察民情，锐意改革。公元前133年当选为保民官，提出土地法案，经公民大会通过，却遭元老贵族保守势力竭力反对。在公元前132年竞任保民官时，被元老院贵族蓄意挑起械斗，遭杀害。

体的力量，而是产生于心灵的道义。当然，我们还是需要强健的体魄，唯有如此我们才能在艰苦的事业中坚守并实施我们的判断和理性。而我们现在的主题是道德上的“善”来源于心灵和思想的执着关注。从这个方面看，文官为国家提供的服务并不亚于武官为国家所做的贡献。文官的治国之道常能避免兵戎之灾，（当然有时也会因此促使武官而宣战）。比如，第三次布尼战争正源于玛尔库斯·加图的建议和劝告。他的思想几乎左右了整个战争的行为，死后也依旧发挥着影响。和平的外交协商比动用武力更有利于争端的解决，更值得我们采纳。此外我们还要明确一点，那就是战争的最终目的是为了和平，不应服务于其他任何的目的。

如果我们希望自己在面对危机的时候心不烦意不乱，不至于茫然无措，而是沉着冷静，不意气用事，那么我们就需要培养一种勇敢而刚毅的精神意志。

这需要个人拥有莫大的勇气，还有洞察先机的智慧才能。如此我们才能预见事情的发展，判断局面是好是坏，判断自己在未来将如何行动，而不是坐等到事情一团糟时说：“我丝毫没有预料到事情会到如此田地。”

所有的镇定应变和未雨绸缪都标志着一种远见卓识与心灵中的坚强、高尚和独立意志。鲁莽地加入武力战斗中，与敌人肉搏，这些行为则是表现了一个人的莽撞和野蛮。除非形势所迫，我们不得不挥剑迎敌，为了不成为奴隶，为了不受到侮辱而战斗。

论个人荣誉和国家利益

我认为，在战乱时期，一个真正卓越的统治者应该具备两个能力：一是既能发现元凶并惩戒他们能力；二以及宽恕民众的能力。这样，在他在占领一座城市的时候，就不会犯下滥杀无辜和野蛮的抢劫行为。他必须在分配战利品时坚持公正和无私的德行。正如我之前所言，正因为很多人比起和平更看重战争的功绩，所以在同一批人中，他们也会将冒进而鲁莽的建议看得比谨慎冷静的行为更让人兴奋和值得称颂。

当然，当遇到危险时，我们应避免怯懦和畏缩。但同时我们更应该注意不要去冒无谓的险，这是最鲁莽而缺少智慧的行为。当面对危机时，我们应该像谨慎的医生对待病情一样：如果是轻微的疾病，医生通常只采用温和疗法，只有对待重患时，他们才会选择药性猛烈甚至危险的药物。因此，只有疯子才在万里无云的日子祈求暴风骤雨。真正的聪明人应当竭尽全力抵挡暴风骤雨，尤其是当成功抵御后的益处多于冒险拼搏的代价时。

当国事出现危机时，危险也同样降临在那些处理掌控国事的人的身上，当然还有国家的头上。为了将事业推行到底，很多人选择冒生命危险，有些人则选择丧失自己名誉和国人善意的危险。在这种情况下，我们的原则应是：宁可危及自己的利益也决不危及民众的利益，宁可丧失个人的荣誉也决不让国家的荣誉受损。

但很多人的选择恰恰相反，他们可以为国家牺牲财物，也可以为国家献上生命，但他们却不愿污损自己的名誉——即使是出于国家利益的需要。他们不愿意在个人荣耀上作出牺牲。比如，卡里克拉提德斯[①]在伯罗奔尼撒战争中的行为。在伯罗奔尼撒战争中，他指挥斯巴达海军打了许多漂亮的胜仗，但最后却不愿听取别人的意见将舰队从

---

① 卡里克拉提德斯（Callicratidas）：约公元前4世纪，古斯巴达海军司令。

阿吉努赛列岛撤出以免与雅典人交火，最后功亏一篑。他认为，让斯巴达人失去一个舰队没什么，还可以再去组建一支，但如果撤退势必影响荣誉而为自己和斯巴达人带来羞辱。这对于斯巴达并不是一次致命的打击，真正致命的一次是科勒翁布洛图斯①引致的失败：他害怕别人指责他胆小，而冒冒失失地和埃帕米农达斯②进行决战。这导致了斯巴达的大溃败。

与之相比，昆图斯·法比乌斯·马克西姆斯就好多了！恩尼乌斯曾为他写了如此的诗句：

一些人，不，也只有他，用“拖延”的战术统一了疆土。

从未把自己的名誉摆放在国家利益之前；

他的美誉将流传后世，熠熠生辉。

在政治生活中，我们同样也应避免这样的错误。在现实中，有些人害怕得罪人，害怕损失自己的好名声，于是无论自己有多好的建议都三缄其口。

论政治中的美德

如果一个人想担任政府职务，那他就应该记住柏拉图所说的两条戒律：一是只考虑人民的利益，舍弃自己的利益，使自己的一切行为都符合人们的利益；二是要考虑国家的整体利益，而不是只考虑某部

---

① 科勒翁布洛图斯（Cleombrotus）：约公元前4世纪，古斯巴达国王。

② 依帕米农达斯（Epaminondas）：公元前418～前362年，古希腊军事家、政治家，西方历史上“斜契”战术的创始人。

分人的利益漠视其他人的利益。政府应该像信托部门一样，永远把委托方的利益摆在受托者利益的前头。那些只考虑部分人的利益而漠视其他人利益的人会把危险——意见分歧和派系争斗——带入政府机关。结果是某些人成为民主派的信徒，某些人是贵族派的拥护者，而几乎没有人关注整体的民族利益。

在雅典曾因为这种党派之间的分歧爆发过激烈的斗争，在我们自己的国家中不但有过这样的党派之争，而且还引发了连年的战乱。凡真正爱国的、勇敢的、有能力担负国家公职的公民都将厌恶这样的纷争。他们愿意选择无保留地为国家贡献，不考虑自己的名誉和权力，心中只存着国家和整体公民的利益。并且他们也不会口说无凭地指责他人，使别人遭受憎恨或是羞辱。他们愿意捍卫正义和真诚，不惜任何代价地维系它们，即使面对死亡的威胁也不退缩。

在政治方面，拉选票、为自己的职位钩心斗角，这是一种最卑劣的习惯。关于这一点，我可以在柏拉图的著作找到一种很好的比喻："两位候选人为了争取国家的治理权而争竞，就像水手为了争当舵手而争斗吵架。"而且他还制定了一条规则：我们应当只把那些拿起武器反对国家的人看成敌人，但不应该把那些坚持按自己的想法管理国家的人看成敌人。普布利乌斯·阿菲瑞卡努斯和昆图斯·梅特鲁斯①就是如此的，他们的政见虽然不同，但彼此毫无敌意。

我们也不要听信这样的话：一个人只有对他的政敌大动肝火才能显示出自己的勇气和魄力。事实上没有什么品德比谦虚和自我克制更值得赞美、更能体现一个人的伟大。

---

① 昆图斯·梅特鲁斯（Quintus Metellus）：约公元前3世纪，古罗马军事指挥家。

如果我们处于一个自由的民族中，我们应该怀有温和宽容、沉着冷静的处事态度。如果有人在不合宜的时机打扰我们，或者向我们提出不合理要求的时候，或者有人给我们造成了麻烦的时候，或者有人向我们提出了不合理的要求的时候，我们动不动就发怒，这无疑是纵容自己暴烈而急躁的性格。长此以往，不但将不利于我们的身体健康，还将遭人嫉恨。温和和克制的性格是值得称赞的德行。

不过我们也应该看到，适当的严厉有利于国家，缺少它，国家的良好治理常会受到阻碍。如果我们要对于危害国家的人或行为进行惩戒，那要注意的是切忌侮辱。惩戒是出于对国家利益的维护，而不是为了个人的一时之快。

还应注意的一点是，当赏罚分明，一视同仁。不要对某些人的过犯惩戒，而对另一些人的同样过犯就视而不见。在实行惩戒的时候，不要带着个人的怒气，因为愤怒之下的处罚往往有悖于恰当的中庸原则——不至于过重，也不至于过轻。亚里士多德学派的人都很赞同这一原则，非常明智。但让我惊奇的是，他们竟然又同时赞同愤怒，并且告诉我们，愤怒是自然出于善意送给我们的礼物。但我认为无论在何种情况下，都应该杜绝愤怒。人们所盼望的领导者应该是像法律一样，施加惩戒为的是主持正义，而不是发泄私愤。

论成功者的美德

当我们春风得意、诸事顺利的时候，切忌得意忘形，骄横跋扈。成功时的骄恣和失败时的悲观丧胆一样都是脆弱的体现。在任何情况下都保持平和的心境、持守的态度以及平静的面容，这是有益的事情。

历史上，苏格拉底就是如此，还有盖乌斯·莱里乌斯也是这样的。在我看来，马其顿国王腓力与其子亚历山大大帝相比，虽然武功不及，但为人要谦和许多。所以，腓力在历史上始终是个伟大的人物，而亚历山大却常被人视为有些卑劣的人物。

于是，常有人这样劝勉："地位越高的人越应该低首走路。"

帕内提乌斯告诉我们，他的弟子和朋友阿菲瑞卡努斯常说："当战马因为身经百战而日益凶悍的时候，它的主人就会将它交给驯马师训练，让它温顺伏贴；当人因为成功而变得桀骜不驯和过分自信的时候，也应该重新接受教育，好让他们明白人事多变、命运无常。"

我们越是成功，越应该寻求良朋益友的意见。我们还当警惕那些谄媚者的言语，不要被他们的甜言蜜语迷住心智，不要听信他们的奉承之辞。人在成功时总是容易自欺欺人，以为自己的一切都是当称颂的。越是在这种心态下，越容易产生许多错觉，自认为多么了不起，于是得意忘形，结果身败名裂，徒留笑柄。

关于这个话题就谈到这里。

重新回到我们之前的问题——我们不得不承认，那些执掌国事的人肩负最重要、最关乎民众利益的职责。那些事务是最能显示一个人的勇气和胆识的，它们牵涉最广泛的民众，事关大多数人的利益。在现在退隐但仍在服务大众的人中，有很多这样担当重任的高尚者。他们致力于重要的探索或是从事最重要的事业，却也与世无争，专注于自己的事业。换个说法，他们过着一种介乎哲学家和政治学家的生活，满足于经营自己的产业，不愿意不择手段地敛财，也不会害怕别人的分享。他们愿意在必要的时候把自己的财产拿出来和亲友分享，或是献给国家。他们坚守以下三种原则：

首先，他们只用诚实的手段获得财富，决不欺诈。

其次，他们用智慧和勤俭积累财富。

最后，他们用自己的财富追求最大多数人的利益，慷慨解囊，而不是用于个人奢侈的生活。

能遵守这些原则的人，就不失尊严、高尚和独立，是一个对他人真正真诚、富有爱心的人。

论第四种来源——美德和合宜

下面，我们就要讨论有关道德上的正直的最后一个方面。

我发现，在这方面的道德上的正直包括体谅和自制，它也包括节制、对激情的遏制以及为人处世的适度和稳重。正是这些品质为生活带来一种光泽。此外其中还应包括对于情绪和形象的合宜的认识。

从本质上说，它们和道德上的“善”息息相关。凡是合宜的，都应是道德的，同样凡有道德的也都应是合宜的。对于道德和合宜的区别，我们只能意会而无法言传。因为无论在什么样的情况下，只有合乎正直道德的合宜才能清晰地体现出来。因此我们知道，不仅是我们现在讨论的道德的正直还是之前讨论的三个方面，都无一例外地体现出一种合宜。

例如，推理严密、说话条理清楚、做事深思熟虑、发现纷繁事物中的真理并坚守，这些都是合宜的。相反，漏洞频繁、无法发现真相、出错、误入歧途，这些都是不合宜的。一切显明公正的事情都应该是合宜的，而不公正的事情，就像不道德的事情一样，都是不合宜的。

合宜和刚毅也有类似的联系。如果以男子气概和勇气做出的事情与男子相称，那么也因此而被视为合宜的。否则，则将被认为是不道德，或是不够合宜的。

我所说的合宜包括道德上正直的每一方面，和各种美德都息息相关，这是不辩自明的，无需深奥的推理论证。我们可以在每一种道德的正直中发现合宜的因素，合宜和道德的实践无法区分，相比之下，可能理论上的区别倒更容易看明白些。就像一个人的俊美和健康在实际中难以区分，但在理论上却容易区分一样，我们所说的合宜虽然在事实上和美德合为一体，但在理论上还是可以区分的。

此外，我们可以将合宜分为两类：第一类是指一般性的合宜，见于作为一个整体的道德的善中；第二类是一种特殊类型的合宜，属于道德的善的某些方面。对于一般性的善，我们这样定义它："合宜是那种和人的优越相一致的东西，因为人有了这样的品质，他区分于动物。"对于特殊的合宜，我们认为它是与自然相一致的合宜，包括自制和节制，以及某种风度。

论一般的和特殊的合宜

我们可以从诗人们所追求的那种恰当中发现我们上文讨论的合宜的通常定义。（关于这个结论，我们可以在另一部著作中加以讨论。）诗人所追求的合宜是指一切的言行举止都和个人的德行相吻合。比如，如果哀厄科斯[①]和米诺斯[②]都曾说过："只要他们害怕，那就让他

① 埃尔科斯（Aeacus）：希腊神话中宙斯和河神伊索普斯的女儿埃吉娜生下的儿子，冥府三判官之一。

② 米诺斯（Minos）：希腊神话中宙斯和欧罗巴的儿子，克里特国王。

们恨去吧。”或是“父亲就是那个孩子的坟墓。”

我们会认为不合宜，因为他们都是正面人物。但如果阿特鲁乌斯[①]说这样的话，却会博得满堂喝彩，因为这符合他的德行。个人的德行决定每个人物究竟该说什么样的台词才算合宜。台词可以由诗人决定，但自然赋予人类一种更出类拔萃的德行，这种德行使我们超越其他的一切生物。归根结底，正是这种德行决定了何谓合宜。

于是，诗人总是仔细观察形形色色的现实生活的人的样子，以此赋予他的舞台角色——包括坏人——合宜的言辞和行为。与这种特殊的合宜相比，自然赋予我们坚定、节制、自制以及体谅他人的更大的角色，它教导我们注重对待同胞的态度和行为。由此我们可以看出合宜适用的范围是多么广泛，它不仅包括道德上的正直所需的一般性的合宜，也包括展现于不同美德中的特殊的分支的合宜。正如一个四肢匀称的形体美是因身体的各个部分和谐优美的结合而让人赏心悦目，我们的行为中表现出来的合宜，同样也是来源于它在每一言谈中表露的合宜。他们的条理是一致和自制的，因此赢得同胞的赞美。

因此，无论我们和什么人交往——或是最优秀的人，或是普通人——都应当表达我称之为尊敬的那种心意。漠视公众的意见不仅意味着傲慢，同样也意味着缺乏原则。在对待同胞的态度上，公正和体谅的感情是有所区别的，公正是不亏待同胞，但体谅则是尽可能不伤害他们的感情。由此也可以清楚地看出合宜的本质。

通过上文的解答，我想已经对何谓合宜有了一个清楚的认识。

此外，为了达到合宜，我们需要做的第一件事就是和自然保持和

---

① 阿特鲁乌斯（Atreus）：迈锡尼国王，阿伽门侬和墨涅拉俄斯的父亲。

谐，忠实地遵守规律。只要我们把自然规则作为指南加以遵守，那么我们的行为就不会出现偏差。当然，我们还应该追求对于事实的清晰认识、促进和巩固社会的正义力量，以及坚毅果干的精神。合宜的本质就在这些我们追求的美德中。只有当这些美德和自然规律相一致时，我们才能赞赏人的躯体和精神活动。

如今我们就明白了，精神的基本活动包括两种：一为欲望，它促使人做这做那；而另一为理性，教导并解释事情该如何做，该选择哪些来做。结论就是理性指挥行为，欲望服从理性。

理性指导下的欲望

什么是责任？不以草率和急躁的方式做任何事，不做任何没有充分理由的事情。实际上，这就是责任。

此外，我们还应尽量让欲望服从理性的约束，不要让它超越于理性，也不要让它无精打采地跟在理性的后面。人们应该克制情欲，不为所动，捍卫心灵的平静。这样，刚毅的性格和自制的德行自然会大放异彩。一旦欲望冲出人的节制，像脱缰的野马一般，出于企求或是厌恶而不服理性的管束，那么它们必将堕落到放荡不羁的地步。按照自然的规律，它们原本应该接受理性的管制。这样的欲望不但将搅扰你的心灵，还会影响身体的协调。只要看看那些或勃然大怒或情绪激动或惊恐不安或欣喜若狂的人的样子，一切就分外明晰了，他们的面容、声音、动作和态度都变化了。

再回过头来看责任，我们必须为控制和平息欲望尽最大的努力，克制自己凭一时冲动的鲁莽行为。自然将我们创造在这个世界上，并不是让我们为所欲为地游戏人间的，而是希望我们认认真真地做事，追求某种严肃而重要的方向。

当然，我们可以热爱运动，或是喜欢开玩笑，但这些爱好不过是如同享受睡眠或其他形式的休闲一样，只是在我们认真严肃完成自己当完成的工作后才可以去享受的。

另外，对于开玩笑，我们也不可做得太过分，应当文雅而诙谐。正如我们禁止孩子过度嬉戏一样，我们开玩笑也应遵守善良的行为尺度，在纯真本性中享受欢乐的自由。一般而言，玩笑有两种：一种是粗俗无礼的、恶意的、猥琐的；一种则是高雅的、温和的、聪明的、诙谐的。我们在普鲁图斯的作品中，还有许多古希腊的喜剧中能看到这种类型的玩笑。当然还有许多出诸众人之口的连珠妙语——比如大加图的《格言集》。

要区别高尚得体的玩笑和低俗的玩笑并非难事。一种玩笑总是发生在合宜的时机，适合尊贵的人，另一种则题材低俗，言语污秽，对于任何正直的人都不合宜。

因此，开玩笑也是需要有分寸和尺度的。如果开的玩笑太过分，必然会招致难堪甚至导致不光彩的事发生。除了玩笑之外，参加体育运动或者狩猎都是有益身心的娱乐活动。

论人各异的性格

但每当我们研究责任，我们必须清楚知道人性在多大程度上超越了牛马等其他畜生的本性。那些畜生们除了本能驱使下的对肉体快乐的追求，它们没有别的思想。但人性却不同，学习和思想一起来滋养人的心灵。人总是在探寻，或是行动，沉醉在视听的快乐中。即使一个人真的比别人更喜欢肉体的快乐，并且假设他的确高于那些牲畜的水平 一也就是说，即使他很容易受到肉体的诱惑，他也会隐瞒这个事实，无论他多么愿意为了享受而忙碌。他会为自己这种喜好而感到难堪，有掩饰自己的欲望。

可见，寻求肉体上的快乐是完全与我们人类的尊严相违背的，我们应该摈弃这种追求。即使有人认为它在一定的程度上对自身有价值，那也应该把它控制在合宜的范围。我们应该根据自己的健康状况和体力需求，而不是按照自己的享乐欲，来安排自己在物质方面的需求，去购买各种使生活变得舒适些的设备、食物、衣物等。如果我们真正意识到做人的优越性和尊严，那他就会认识到沉溺在奢侈放纵中是多么错误的举动，而过一种勤劳、简朴、节制的生活才是真正正确的。

我们还必须认识到，“自然”赋予我们人类两种本性。一种是普遍性的，起源于这样一个事实，我们每个人都有理性和超越动物的那种优越性。从这种普遍性生发出道德和恰当性。只有依赖于这种本性人才能用合理的方法清楚了解我们担负的责任。

此外，我们还有一种本性，它是分配给个人的特殊的本性。就人的身体素质来看，这种本性的区分显而易见。有的人跑得快，有的人摔跤力气特别大。就外貌而言也是如此。有的人天生魁梧，而有的人却长相秀气。至于人的性格，那更是五花八门了。

鲁修斯·克拉苏斯（Lucius Crassus）和鲁修斯·菲力普斯（Lucius Philippus）为人风趣，但鲁修斯的儿子盖乌斯·凯撒则比其父亲更风趣。体现在他的学问方面，与他们同时代的玛尔库斯·斯考路斯

（Marcus Scaurus）和（小）玛尔库斯·德路苏斯（Marcus Drusues）则是特别严肃的人。盖乌斯·莱利乌斯喜欢畅快淋漓地饮食；而他的好友西庇阿则是一个有着远大理想的人，而且在生活中非常地简朴。回顾历史我们就可以知道，希腊人苏格拉底是个风趣、健谈而又有魅力的人。他曾经被人们称作“佯做无知的人”。与别人交谈时，他总是若有所疑地听别人的解说，并点头夸赞。毕达哥拉斯①和波利克里斯②却不像苏格拉底那样取悦别人，但他们还是获得了很大的权威。在将军的行列里，迦太基的汉尼拔和罗马的昆图斯·马克西穆斯都是很精明的人。在作战方面他们精于制订计划、策划布局和设置圈套等。在这方面，希腊人认为蒂米斯托克里是最出色的典范。梭伦是个特别聪明的人，为了保全自己，同时也为了国家的利益，他曾经装扮成傻子。

有些人的秉性却截然相反。他们总是坦率而真诚，不喜欢弄虚作假、卖弄伎俩。可有些人却不会拒绝使用这些手段，只要有益于他们的目的。

苏拉和玛尔库斯·克拉苏斯就是这样的人。传说斯巴达的莱山德才真正堪称狡猾和奸诈之最。但莱山德之后继任舰队军官的卡里克拉提德斯，其性格却恰恰相反。

所以，我们可以看出，即使有些人位高权重，他们也并不骄傲，相反他们谦卑如同仆人。在加图卢斯父子和普布利乌斯·西庇阿·纳斯卡身上，我们能看到这样谦虚的品质。还有昆图斯·曼西亚也有这

---

① 毕达哥拉斯：约公元前580～前500年。古希腊著名的哲学家、数学家、天文学家。

② 波利克里斯（Poericles）：公元前495～前429年，古代雅典民主派领袖。

样的品质，他甚至比他的父亲更会除恶助贫，他曾经对提比略·格拉古的罪恶行径进行惩戒。但也正因这样的事件，他成为一名伟大而享有盛名的人。

性格各异的人在我们身边数不胜数，他们全都是无可厚非的。

把握自己的本性，寻求自身的恰当

尽管人的个性各异，但每个人都应该坚定地把握住自己的独特禀赋（只要不是邪恶的），这样才能更快地达到我们期待的恰当。我们不能违背人性的一般规律，当然在维护这种一般规律时也应顺应自己的个性。因为即便是有更好、更高尚的职业，我们也只能选择最合适自己本性的职业。和自己的本性较力，朝着不可能达到的方向努力，这些都是徒劳无益的。

由此我们可以更清楚地看到上文已经解释过的所谓合宜性的本质。凡违背一个人的本性——即与自己的禀赋背道而驰的——事情都算不上合宜。

假如世上真有一种东西可以称为合宜，那么它只能是我们在整个生命的旅程以及一切行为中保持的那种始终如一的精神。并且可以肯定的是，人不能通过效法他人的人格、消除自己的个性来维系这种始终如一。

要解释原因，那不如我们看这样的一个例子。

我们在说本国语言的时候，应该避免像某些人那样夹杂进许多希腊字。这样只能把语言弄得不伦不类，可笑之极。

同样的道理，我们也不应该让任何不净的杂念侵入我们的行为或是整个生命。当然，人的性格差异是至关重要的，就比如自杀行为，有的人认为是一种责任，而对另一类人而言却成为一种罪恶。玛尔库斯·加图和那些在非洲的人同时面对凯撒时，情况会有什么不同呢？可那些非洲人却选择自杀，因为非洲的人对生活实在太不严肃，他们的性格比较懦弱。但加图由始以来就生有刚毅的性格，对他而言，一个人如果活着不能自己把握命运，两眼只盯着君王的脸色行事，那还不如一死算了。

再比如，在流浪期间，尤利西斯①甚至曾经忍受伺候女人的耻辱，同时，对所有的人卑躬屈膝、忍耐谦和，这是需要多么大的忍耐力啊。回到家乡后，为了最终达到自己的目的，他甚至还在忍受自己家仆对他的侮辱。如果同样的遭遇发生在埃阿斯②身上，他恐怕宁愿死一千次。

考虑过上述的例子，我们就会明白：每个人都应该慎重审视自己身上独特的性格特征和秉性，对它们进行合适的调节，并且不要总是去尝试让自己身上也拥有别人的秉性，这也就是一个人的责任。一个人的性格越有个人性，也就越符合他。

因此，每个人都应该恰如其分地评估我们的天赋才能，不但要认识自己的长处，还有自己的短处。在自我认识方面，我们应该比演员做得更实事求是，更明智。他们并不选择最好的剧本，而是选择最适合的剧本，是最能发挥自己才能的剧本。比如，那些有着音色特长的

---

① 尤利西斯（Ulysses）：指希腊神话中的伊塔克岛国王，荷马史诗《伊利亚特》中大智大勇的人物。

② 埃阿斯（Ajax）：荷马史诗《伊利亚特》中的勇士，是特洛伊战争中最威猛的战士之一。

演员会选与墨多斯[①]有关的剧本；而擅长动作表演的演员则会选墨拉尼珀[②]和克吕泰涅斯特拉[③]等题材的剧本。

在我印象中，路皮利乌斯总是选有关安提俄珀[④]则很少演关于埃阿斯的剧本。这些演员在角色的选择上都是很讲究的，既然演员在舞台就能够选适合自己的角色去表演，那作为一个聪明的人为什么不在人生的舞台选好适合自己的角色去生活呢?

我们应致力于最适合自己、最能发挥自己长处的工作。当然，有时我们可能不得不被环境迫使去做那些与自己兴趣并不符合的事情，那么我们也应当尽力去担当。即使这样也许并不恰当，但也应当尽量减少自己所犯的错误，并不必苛求卓越。

如果自然没有赋予我们达到“卓越”，那么我们就为修正自己的缺点努力吧。

论如何选择终身职业

实际上，除了我们在上面说的那两种本性以外，还有另外第三种第四种本性：第三种本性是由我们所面临的某种机遇和环境强加于我们的。第四种本性则是我们经过慎重的考虑而选取的。那些王权、军

---

① 墨多斯（Medus）：希腊神话中伊阿宋（Iason）与一位雅典少女生下的儿子。

② 墨拉尼珀（Melanippa）：阿玛宗人的首领墨拉尼珀，亚马逊人无敌的领袖。

③ 克吕泰涅斯特拉（Clytaemnestra）：在希腊神话中是阿伽门农的妻子，野心勃勃。在丈夫参加特洛伊战争时和姘夫一起统治迈锡尼。

④ 安提俄珀（Antiope）：希腊神话中，地神该亚的儿子。题材的剧本，而伊索普斯（Aesopus）：希腊神话中的河神。

政、高贵的出身、官职、财富以及与他们相反的卑贱穷困等都是有赖于机遇，由环境控制。但我们究竟更愿意选择什么样的角色来过自己的生活，这却完全取决于我们自己的选择。

所谓人各有志，情况大抵是这样的：有人会选择研究哲学，有人去研究法学，还有人去研究雄辩术。论及美德也是如此，每个人的选择都不尽相同，有人喜欢显出这种美德，有人喜欢显出那种美德。

有些人的父辈或其祖先是某一领域的卓越者，后代也往往选择在同一领域追求卓越。比如，普布利乌斯·穆丘斯①的儿子也是研究法学的；保鲁斯的儿子阿菲瑞卡努斯则成了一名士兵。这些后裔不但在某些方面继承了父辈的才能，而且自己也有很高的才华。就拿阿菲瑞卡努斯来说，他不但军功卓著，而且还具有很高的辩论才能。再比如提摩图斯（Timotheus），他在军事上不仅有像他父亲科农②那样的声誉，在学识上也有很好的口碑。当然，从事不同于父辈职业的人也有很多，特别是那些出身清苦的人。出身清贫而心存大志的人，在事业上往往取得更大的成功。

因此，我们在探讨合宜的本质时，应当对这些问题做周密的考虑。最根本的问题是，我们首先要决定做什么人、怎样的人，要从事的终身职业是什么。这是个最难的问题，因为我们总是在自己判断力最不成熟的年轻时期根据自己的爱好来选择自己的终身职业。

在我们成熟到确知什么职业对我们自己最合适之前就已经在从事某项终身职业了。

---

① 普布利乌斯·穆丘斯（Publius Mucius）：约公元前1世纪，古罗马法学家。

② 科农（Conon）：公元前466~前392年，雅典海国统帅。

我们没有赫尔克勒斯[①]的经验——在色诺芬[②]的著作中有普洛狄库斯（Prodicus）对这种经验的描述：赫尔克勒斯在青年时期（自然总是指定这一时期为每个人选择自己人生道路的时期），离开了他的家乡走到一个荒凉的地方，在那里他看到了通往前方的两条路：一个是享乐之路，一个是美德之路。于是，他就坐下来思考哪条路是他要选择的。

这样的事情也可能会发生在朱比特[③]的后代身上，但无论怎样都不会发生在我们身上。我们所能做的就是模仿我们的偶像，选择他们曾经走过的道路。通常我们习惯效法父母，长期耳濡目染，以致必然仿效他们的生活方式和行为习惯。

还有一些人会随着公众的价值方向来选择自己的职业。当然，还会有一些人或者得益于自己的天赋或幸运，即使缺少父母的引导最后也走上了成功的道路。

论保持美德

在我们的生活中，有一类人是十分少见的：他们或是具有卓越的天赋，或是得益于良好的教育而拥有特异的文化素养，或者两者兼备。此外，他们还有充裕的时间决定自己更喜欢从事哪种终身职业。经过慎重考虑后作出的决定才能完全适合一个人的天赋。

---

① 赫尔克勒斯（Hercules）：希腊神话中宙斯与阿尔克墨涅所生的儿子。

② 色诺芬（Xenophon）：公元前430～前354年，古希腊经济学家、史学家、思想家。

③ 朱比特（Jupiter）：古罗马天神。

正如上文所言，我们试图从自己身上发现最适合的行为，不仅仅是在短期的个别行为上要求这样做，而是在选择自己人生的道路时也必须如此。尤其是面对后者，我们不得不更谨慎，让我们终身无悔，在担当任何责任时都不会犹豫。

对选择职业影响最大的因素，第一是人的本性，其次是命运。

我们在考虑自己终生职业时，就必须要考虑如上的两个因素。不过，两者比较之下，本性更为重要，因为本性比命运更稳固。一旦本性和命运发生冲突，那就好似凡人和神较量。

因此，一个人如果按照自己的本性（较好的本性）制定了整个人生计划，就应该一直贯彻实施下去——这就是合宜的本质——除非他意识到自己选择了错误的职业方向。如果真的发生这样的情况，那么我们不应该回避，而是必须改变自己的职业和生活方式。如果环境有利于这种转变，改变自然比较便利；如果环境不利于这种转变，那我们可以选择慢慢来。就像当友谊变得不再令人喜悦或是值得保留，选择慢慢疏远远比一步断交更恰当。一旦我们决定改变了自己的职业，那么我们应当说服自己有充足的理由，尽可能清楚地向自己说明。

在上文我赞同遵从父辈的道路，但有几点需要说明：

第一，我们不能效法他们的缺点。

第二，不违背自己的本性去效法父辈的东西。比如大阿菲瑞卡努斯的儿子由于健康原因就不能效法他的父亲，如他的父亲效法他的祖父一样。

此外，即使一个人没有能力在法庭审案，也没有出众的演说才能，也缺少运筹帷幄的大将风范，那么他仍可以实践他力所能及的美德——公正、真诚、宽容、稳健、自制——如此他其他方面的缺陷也就不那么明显了。

父辈留给后代的最宝贵遗产就是美好的声誉和德行了，它比任何东西都宝贵。对后代而言，玷污这种美德就意味着是罪孽和耻辱。

论年轻人和老年人的责任

人生每个阶段都有不同的责任，有的责任是属于年轻人的，有的则更适合中年或老年人。下面我们来讨论它们之间的区别。

年轻人的责任就是尊敬长辈，与他们中的杰出者结成友谊，从和他们的友谊中得到忠告和影响。年轻人总是缺少经验，需要年老人用实用性的指挥加以扶持和指导。人生在这一时期最重要的是要杜绝荒淫，要在身体和心灵两方面培养自己的吃苦精神和耐力，唯有这样日后才能在军队或政府中坚定地担当履行繁重的责任。当他们想放松自己及时行乐时，他们应当谨慎、节制。如果年轻人愿意在放松时也让老年人参与，那么他们就更容易做到节制。

而对于老年人，他们应当减少体力劳动，适当增加他们的精神生活。他们尤其应该用自己的忠告和经验智慧为朋友和年轻人服务，为国家带来益处。老年人最需要注意的就是，防止变得松懈和懒惰。奢侈对任何年纪的人都不好，对老年人尤其如此。奢侈加纵欲是加倍的邪恶。老年人如此做不但玷污自己的美德，还会为年轻人带来极其不好的影响。

论到此处，可以讨论一下行政长官、本国公民和外国人的责任区分。

作为一个行政长官需要特别记住的是，他代表的是国家，责任就是维护国家的荣誉和尊严，严格执行法律，在法律之下保障所有的公民都享有应有的权利，时刻牢记所有的一切都是国家赋予他的职责。

而公民首先应在人际关系上与自己的同胞保持平等，不要卑躬屈膝，也不要骄横压人。其次，公民应为国家的事情而贡献力量，为国家寻求和平和荣誉。唯有这样的人才能得到尊重，被人视为好公民。

至于外国人，最重要的责任则是恪守自己的本分，不要打听别人的事。在任何情况下，他都不能干涉别国的事务。

我想我们越清楚地探讨不同的人、不同的情况、不同的年龄层次的人的合宜性问题，也就越容易认识到我们的责任。最合宜的事就是在一切行动上都保持行动前的计划和行动中的行为的一致。

论道德合宜的含义

我所说的合宜，它也体现在每一种行为、每一种言语上，甚至也能体现在身体的每一个动作和姿态上。外表的合宜由三个因素决定——美观、得体与儒雅。这些概念往往很难用语言来形容，而我认为最重要的莫过于领悟它们的含义。对这三点的强调其实也反映出我们对自己身边人的善意的关切。于是，我还想就合宜多说几句。

“自然”需要下的道德

首先，“自然”以一种绝妙的方式构建了我们的身体。我们的脸部五官和体格看上去往往不错，于是它们被安置在最醒目的位置。而身体的某些部位只是为了满足某些自然的需要，其形象并不雅观，于是它们被遮蔽起来，不让人看见。

人之所以有羞耻，也正因为注意到了这种精巧的安排。凡正常的人都会把自然隐藏起来的部分遮盖起来，避免为人所见。他还会努力自制，不让人知道自己的“自然”需求。

对于这些有意隐藏的用来满足“自然”需求的部位，人们也会尽量避免直呼其名。执行这些“自然”需求并不是不道德的事，但用语言过于直露表达却会有猥亵之嫌。

我们大可不必理会那些犬儒学派学者对我们的指责和嘲笑。他们认为我们将提及某些并不算不道德的事视为可耻，而对于那些真正不道德的事情却毫不避讳。

比如，抢劫、欺诈和通奸都算是不道德的行为，但提及它们却并不算粗鄙。婚后生育是道德的行为，但直接讨论这样的事情，却是猥琐的。

不必考虑这种观点，让我们遵从自然，躲避玷污我们眼目耳朵的污秽。无论走站坐卧，一言一行、一举一动，请我们都保持合宜性。

在这些事情上，我们需要避免两个极端，即我们的行动既不能矫揉造作，也不能粗俗无礼。这种规则并不是只对演员和演说家有约束力，而对我们毫无作用。

在舞台上，表演者受传统的约束都表现得很谨慎。按照我们的习俗，儿子长大成人后不能和父亲一起洗澡，女婿和岳父也不能一起洗澡。我们必须遵守关于羞耻的规则，因为这是自然指导给我们的。

美的形体和道德活动的合宜

美还体现在另外两种形式：一种是娇柔；一种是庄严。通常我们将娇柔定义为女性的美，而将庄严定义为男性的美。无论是娇柔还是庄严，都应该有适度。比如，男性不宜穿着任何与自己男性庄严不吻合的华丽服饰，在姿态和形体的训练方面要避免太娇柔；比如，过分的故作姿态，令人厌恶的，而舞台上轻佻的举止仪态常也让人觉得太做作。

无论何人，最合宜的举止行为莫过于朴素和自然了。好的气色也能使人看起来庄重，而气色是体育锻炼的结果。

此外，我们也要保持外表的整洁，但也不用修饰得过于精致了。我们的目标只是不显得粗鄙和邋遢。衣着服饰也遵行同样的原则。这种事情和大多数事情一样，最好的就是中庸之道。

在走路的方式上，我们也应注意：既不要走路拖沓，显得过于悠闲，好像庆典中的游行者；也不要养成一种仓促疾行的习惯。一旦走得过快，呼吸会变得急促，仪态也会失常。这些都是行为不够沉着的表现。更重要的是，我们应该让自己的精神活动和自然的节奏保持和谐。在我们的行为中，防止大悲大喜，让自己的精神状态稳定，这样才能很好得保持合宜。

此外，精神活动也可分为两种：一种是与思想有关，另一种是与感情相关。思想活动主要是为了发现真理，而感情冲动则将导致行动。因此，我们应当注重，尽量思考些高尚的问题，而控制自己的感情冲动，把它归于理性的控制下。

论谈话的合宜性

只要运用合宜，语言是有很大力量的。其功能可以体现在两方面：一种是演说，一种是谈话。演说是在法庭上用于辩护或在群众、元老院的集会上用于发表见解的讲话。谈话通常用于在社交聚会、非正式讨论、朋友间的交往以及宴会场合中。演说由演说家制定了不少规则，谈话则没有任何规则的限制，为什么没有我也不清楚。没有一个人将谈话当作一门学习的科目，而演说家身旁总是围绕着一群学生。不过，用于演说术的遣词造句的规则也适用于谈话。

既然有嗓子这种说话的器官，那么我们就应该努力在说话时达到两种合宜：口齿清楚、声音悦耳。当然，这有赖于“自然”的恩赐。但口齿清楚完全可以通过练习得到改善，而悦耳的音质也可以通过模仿那些声音圆润甜美的人获得。

加图卢斯父子身上并没有什么特质能让人联想到他们有极高的文学修养。他们只是文化人，而很多人都是文化人。但他们父子却被认为是拉丁语说得最好的人。他们的语调富于魅力，吐字清晰，声音自然圆润，既不胆怯也不张扬。鲁修斯·克拉苏斯的演说辞词汇丰富，才华横溢。在口才上，唯有加图卢斯父子能与之媲美。论及机智和幽默，我们不能不提到大加图卢斯的堂弟凯撒，他在此方面的才华超过所有的人。他甚至能在法庭上用非正式的谈话战胜那些发表长篇大论的人。

如果想在说话上获得合宜，以上这些要点都需要牢记。

苏格拉底的信徒们是谈话的最优秀代表。他们的谈话保有以下的品质：随和、不固执己见、风趣而机智。谈话的人不能强制别人远离谈话，好像谈话为自己垄断一样。正如其他的事情，在非正式的谈话中，人人都是平等的，每个人都有发言的机会才是真正的公正公平。谈话时，首先要明确谈话的主题是什么。如果主题轻松，那么就应该轻松风趣些。最重要的一点是谈话时不能暴露自己品质上的缺点，应该特别谨慎。人们如果在开玩笑或正经场合谈话时喜欢背后论断别人，甚至诋毁他人的名誉，那么很可能已经暴露出自己品质上的缺陷。

谈话的主题一般包括家庭、政治、工作或是学习方面。如果谈话脱离了既定的主题，那么应该把谈话拉回来——这过程中也要注意在场者的情绪。我们还应根据在场的人对于同一主题的兴趣是否长久在调节谈话的长短，通常人们并不会对同一件事保持长时间的兴趣。注意到以上的要素，一个谈话才会有一个合理的开端，有个圆满的结束。

*　　　　*　　　　*

我们有一条适用于生活任何方面的金玉良言：不要表现出激动，即那种非理性控制的精神亢奋状态。在谈话中，这种情绪也是不应表现出来的：永远不要表现出你的愤怒、贪念、消极和冷漠，或是其他此类非理智的情绪。还有一点要注意的就是，对与我们谈话的人要礼貌，要从心底尊重他们。

当然，在交谈中不可能不出现责备和批评。在这种情况下，我们的措辞、语调和表情将会变得严肃和可怕。但正如像灼烧术、切割术不轻易被使用一样，我们也一定不要轻易地做出上述的各种反应，除非到了不得已时。我还是希望永远不会这样。当然有些时候我们可以表现出愤怒的样子，但不要真的大动肝火。人在发怒时是最容易做出失去理智、不公不正的事情。所以，在大多数情况下最理想的做法是采用温和而郑重的态度进行责备，保持郑重的心态，避免过分恶毒的语言。我们应当清楚表达，即使我们的责备有些刺耳，但完全出于对对方的关心。

此外，即使与在那些最胡搅蛮缠的敌人进行争辩时，即使他们对我们再粗鲁无礼，我们也要保持自己的庄重，压制自己的愤怒。一旦处于过度激动的状态，我们就难免有失尊严，也可能得不到旁人的支持和称赞。

尤其要强调的是，自我夸耀和吹嘘是要绝对避免的。它只能会给我们带来别人的嘲笑和不屑。

论合宜身份的住宅

既然我有意全面地谈论合宜性，那么我认为自己有必要在此讨论一下有身份的人该使用怎样的住宅。住宅最大的功用就是实用。我们设计住宅时一定要考虑这一点。此外，还应考虑到它的便利和特色。

我听说，盖乌斯·奥克大维乌斯①曾在帕拉提尼山上建造了一所豪华的住宅。在他的家族中，他是第一个赢得执政官权位的人。后来人们都去参观他的房子，认为他的住宅为其赢得执政官的权位增添了不少选票。

后来，斯考路斯拆除了这所住宅，在其原址上建造了一所比它更宏伟的建筑。奥克大维是家族中第一个为自己的住宅带来执政官殊荣的人，而斯考路斯作为伟人的儿子却没有因他重建的住宅获得荣誉，反而只得到耻辱和毁灭。

住宅的确可以使他的主人尊贵，但一个人无法完全依靠住宅来自抬身价。主人应该为住宅带来荣耀，而不是住宅为主人带来荣耀。正

---

① 盖乌斯·奥克大维乌斯（Gaius Octavius）：公元前？～前58年，出身于一个尊贵的但是不出名的骑士阶级家庭，被凯撒领养后，曾任马其顿的总督。

如其他很多事情一样，我们还应该多为别人考虑，不能太自私，住宅也是如此。作为一位名人，他肯定会在家里宴请宾客，因此他的住宅应该设有足够宽敞的客厅。作为一个普通人，如果没有多少来宾拜访，拥有宽大的客厅只能显得冷清和多余。作为住宅的主人也一定会为此丢面子。过去宾客如云，后来却门可罗雀，此种情况更显得如此了。那些从此经过的人将会说：

> 唉，太可惜了，多么好的一栋房子，
> 现在更换了主人，已经大不如从前了！

作为房子的主人，如果您听到了这些话，会感到多么丢脸啊！事实上有这种情况的住宅已经很多了。

我们还应该注意，不要为住宅的装潢耗费过多的金钱，房屋应该适度，尤其是自己的住宅。建豪华的住宅能为自己增加些光彩，也能成为别人的榜样，但必须注意到它的危害也是极大的。很多人习惯效仿名人，但他们学习到的却往往是些缺点。比如鲁修斯·卢库卢斯①这样的伟人，他的美德有几个去学习的？但他宏伟的住宅却有许多人在仿造。我看这种现象实在不值得提倡。尽管人们对生活都有享受和需求的欲望，但我们同样应该持中庸的态度。

有关这方面的东西，我已经讲得太多了。

我们在任何行动中都应该牢记以下三个原则：首先，我们的情感应该得到理性的控制，这是促使我们履行职责的最好方法；其次，认真估算自己所追求目标的重要性，对目标的关注既不忽视也不过分；

---

① 鲁修斯·卢库卢斯（Lucius Lucullus）：在对抗波斯人的战争中功绩辉煌的罗马军事家。

最后，做什么事都要遵循中庸思想，它是展现一个人绅士风度和人格尊严所必不可少的要素。要想做到这点，最好的方法就是凡事都要“合宜”。以上的三个原则，第一个原则是最重要的。

论行为的秩序性和场合的合宜性

下面，我们将要谈论行为的秩序性和场合的合宜性。这两种特性都包含在希腊人称之为“尤拉西亚”的学问中。它的含义不是我们在“中庸”中表达的意思，而是指有秩序的行为。如果我们非要把它理解为“中庸”的话，那我们就需要用斯多葛学派的定义来解释它——中庸是使一切行为都恰到好处的智慧。由此可见，秩序性和合理置放的意思似乎相同，因为秩序性也可被解释为“把东西放在该放的地方”。至于他们所说的“行为的安排”，是指环境的合宜性。在希腊文中，适合于某一行为的环境被称做“尤凯雷亚”，而在拉丁文中则被叫作“奥卡西亚”（场合）。综上所述，“中庸”就是在合宜的时候做合宜的事情的智慧。

依照这样的方式，我们还可以为“谨慎”下一个定义。谨慎主要是指沉稳、自我克制以及与此相关的其他美德。有关谨慎我们已经在前文谈论合宜的时候提及了。我们现在需要谈论的是，我们曾经提到过的、与体谅和国人的赞许有关的一些美德所具有的那些特性。

我们的生活必须遵循行为的秩序性，唯有如此，我们的每一行为才能像精彩的演说那样和谐自然。如果我们在谈论非常严肃的问题，就不应该说那些只适宜在宴会上才开的玩笑。否则，这些随便的言辞就会受到严厉的批评。比如，有一天，伯里克利（Pericles）和索福克勒斯[1]在谈论公事时，有一个漂亮的小孩从他们俩前经过。索福克勒斯看到后便对伯里克利说："你看那个小孩是多么漂亮啊！"而伯里克利的回答则是："嘘，作为一个将军，不仅要管住自己的手，还应当管住自己的眼睛。"瞧，他的回答是多么微妙呀！不过，如果他们是在观看球赛，索福克勒斯的行为就毫无不妥之处。

由此可见，人的言谈与所处的环境的影响力是有着很重要的关联的。就比如一个人在行路时，脑子里仍然还在不断思考着亲历过的法庭上的案子，或在类似的场合思考其他的问题，这没有什么不正常，但是，如果在宴会上也是这样思考的话，那么他就会被人们认为没有教养。在这样的场合如此行事是很失礼的行为。

公然做些不合宜的事情是很容易分辨出来的。比如一个人在大街上大声唱歌，或者做些其他很粗俗的事情。旁观者会很轻易地看到，对于这些公然的放肆行为也无需做特别的说教。更重要的是，我们应该特别避免那些细微、容易被忽略的错误。在演奏中，如果竖琴或长笛出错了，尽管它们的声音很小，但内行人还是一听就能发现。同理，生活中的我们也应该学习避免生命的细微乐符出现错乱。换句话说，声音出现细小的不和谐是小事，若我们的行为出现不和谐就是很重大的事了。

论遵循习俗的道德责任

正如音乐行家能听出弹奏竖琴或吹奏长笛中哪怕有细微的差错一样，倘若我们细心也能够通过观察敏锐地发现道德上的错误，并从这

---

① 索福克勒斯（Sophocles）：公元前496～前406年，雅典奴隶制民主制繁荣时期的悲剧诗人。

些小事中汲取重要的结论。

我们仔细观察他人的举动——眼睛的匆匆一瞥、紧蹙的眉毛、悲哀的表情、突然间的兴奋、微笑、言谈、声调、沉默——就会判断出自己的行为是否恰当，看出是否与责任或“自然”相违背。

通过研究别人的行为来判断自己行为的得失，这也不失为一种很好的方法。通过观察他人的不恰当行为，我们可以审视自己的行为并引以为鉴。从别人的反应发现自己的错误总比自己发现错误要容易许多。

也正是出于这个原因，在课堂上老师并不直接指出学生的行为不当处，而是加以模仿，让学生自己发现。这不失为一个绝妙的方法，最容易帮助学生改正缺点。

当我们不知该如何履行某项责任而内心犹豫时，可以向那些有学问和有经验的人请教，毕竟，大多数的人更愿意本能地沿袭自己内心的自然倾向去行事。当有经验和学识的人给我们意见时，我们不仅要认真听他们说的是什么，还应该思考他们在想什么，以及他们为什么会如此想。

那些画家、雕塑家以及诗人都希望自己的作品得到公众的评价，根据这些评论他们可以对作品加以合宜的改进。他们的这种做法其实就是通过别人的批评来发现自己作品的不足和弱点。同理，我们也能够通过请教发现那些本该做而未做之事，还有那些需要改进而未改进的事宜。

如果都按一个地方旧有的风俗习惯去行事，那么整个社会就不需要遵循什么规则，因为那这些风俗习俗已经就是画地为牢的规则。我们不要以为，苏格拉底和亚里斯提普斯①因为曾经做过一些违背其城

① 亚里斯提普斯（Aristippus）：公元前435～前366年，希兰尼学派哲学创始人，苏格拉底的学生。

邦习俗的事情，说了些与其城邦习俗不合宜的话，就是大逆不道。违背习俗并不是什么错事。他们认为自己有力做这些事，因此他们都成了伟人，并有着高尚的品德。反观犬儒学派，他们宣扬的缺乏道德的意识、缺乏道德意识就会丧失正义之心本就应该受到人们的谴责，所以也就谈不上什么道德上的“善”了。

此外，我们也有责任尊敬那些行为道德堪称高尚的人物，还有那些曾经为国出力者或爱国人士。这种尊敬与我们对那些掌握政权军权之人的尊敬没有区别。对于那些因符合道德的要求而被人赞誉的人，我们也应该像尊重那些爱国者或过去或现在正在为国贡献的人一样来尊重他们。我们还应该尊敬年长者，对地方官员谦让——对本国同胞如此，对外国人也应该如此。

总的一句话，我们有尊重、维护和保持人类所有成员之间融洽友好关系的责任。

论职业选择的道德

对于经商以及其他的谋生方法，大抵可分为群君子型的和伪君子型的两种。如果再细分，我们似乎可以从以下几个方面领略道德教诲。

首先应该提及的是，那些惹人厌烦的谋生方法万万不可主动参与，应该自觉摒弃，比如税收官吏，还有放高利贷者，乃至一切受雇于人的，只靠出卖自己劳动力而非技能的谋生手段都是卑贱的，为君子所不耻，因他们都以受人奴役为代价。

其次，通过从批发商手中取得货物，又把货物以零售的形式卖给其他人的方式从中谋取利润的奸商做法也必遭人唾弃。他们若是不撒谎就不可能赚到钱，而这个世界上没什么行为比撒谎更卑劣的了。

此外，一切手工业的职业者在道德上也是比较低贱的。一个在自己的集体中没有任何自由可言的工作，也就基本上丧失了尊严。在所有的职业中，那些从事满足于人们声色口腹需要的职业是最让人鄙弃的了，也就是特伦斯①所说的：

“鱼贩子、屠夫、厨艺师、家禽贩子以及渔民。”

如果不反对的话，还可以加上香料商、舞蹈演员以及杂耍班子等。

对于那些有社会地位的人而言，最适合的职业莫过于那些需要高智慧的和对社会有大益处的工作，比如医生、建筑师、教师等。这些职业与他们的身份是最相配的。如果想经商，做小本生意是不值一提的卑微职业，但若是能做上规模的进出口生意，将具有全世界性的货物批发并以诚实的手段转卖给其他的人，这职业倒是值得赞许的好工作。更确切地说，当生意发展到一定程度，他们如果能够知足，用自己挣得的钱买个庄园定居在乡间，就如告别海上的漂泊生涯到一个港埠定居，这是值得人们尊敬的选择。

不过，论及所有的谋生手段，最好、最快乐、最适合自由民选择的营生手段莫过于在乡间务农了。关于这一点，我已在《论老年》中做过详尽的论述，你可以从那个篇章中寻找些资料看看。

---

① 特伦斯（Terrence）：古罗马著名剧作家，曾是一位元老院议员的奴隶。

论最神圣的社会公正所规定的责任

到现在为止，有关道德上的责任是如何从四个方面产生的——这个问题，我想我已经论述得够详细了。但不可否认，有德行的行为之间常常发生矛盾——在两种行为中究竟是哪种行为最符合道德——这个问题却被帕内提乌斯①忽略了。我认为一切道德上的正直都源于四种美德：谨慎、社会本能、勇武、节制，因此在决定责任方面的问题我们常常需要仔细权衡比较这四方面的美德。

依我之见，以社会本能为基础产生的责任，比那些以知识为基础产生的责任更接近于“自然天命”。我们可以通过以下论点加以证明：

第一，假如让一个智者过这样的一种生活：只供给他所有的生活用品，但却让他在一个寂静的无人可以交往的孤独环境中去从事有益于人类的知识的研究，那么他最终除了孤独终老，便是一无所成。所以，一切美德中最重要的就是智慧。希腊人指的谨慎原则，其实就是指智慧判断力，亦即，该追求什么、该回避什么的知识。

第二，那些关于人和神的知识，我把它们视为首要的智慧，这中间还涉及人神之间的联系。如果说智慧是最重要的美德，那么我们必然会得出这样的结论：一切与社会有关的责任都是最不可忽视的。

第三，付诸实远比理论的知识要强。我们对宇宙的认识与总结出于某种原因往往是不全面的，甚至是有缺陷的。它难以指导我们的实际生活。要说它的益处，也莫过于维护整个人类的利益。当然，我并

---

① 帕内提乌斯（Panaetius）：公元前180年～前109年，古罗马斯多葛学派哲学家。

不是否认这种益处。毕竟，这种益处于利于我们进一步思辨我们已掌握的知识。

我想，所有赞成以上看法的人都会以自己的行为来证明它的正确。一个专心研究宇宙的人，哪怕他所从事的工作再重要；哪怕他能够数清天上的浩瀚星辰；哪怕他能够测量出宇宙的大小——当有人告诉他国家正面临着灾难，需要他有所作为的时候——他难道不会毫不犹豫地放下手头的工作去为国家尽自己的微薄力量吗？退一步说，即使他的行动仅仅能够使自己的亲戚或朋友得到益处，或者能把他们从困难中解救出来，我想他同样也会有以上的选择。

通过以上论述，我们可以得出这样的结论：必须把社会公正所规定的责任置于追求知识以及由这些知识衍生出的责任之上。因为前者所规定的责任直接影响到我们同胞的切身利益。在人们心中，再没有什么能比社会公正所产生的责任更神圣的了。

论置于知识责任之上的社会责任

不管怎样，那些不辞辛劳研究和探索知识的学者对人类仍然发挥着重要的作用。最明显的一点就是他们把许多人教育成了优秀的公民，还培养出了大批的为国效力的栋梁之才。毕达哥拉斯学派的吕西斯（Lysis）培养出了埃帕米农达斯①，柏拉图则培养出了狄翁②。

---

① 埃帕米农达斯（Epaminondas）：公元前418～前362年，古希腊军事家、政治家，西方历史上“斜契”战术的创始人。

② 狄翁（Dion）：公元前408～前354年，西西里岛叙拉古国王，狄奥尼修斯一世的叔父，曾与国王发生内讧后被迫离开西西里，并在雅典认识了柏拉图。

诸如此类的例子还有很多。就拿我自己来说吧，且不论是否为国家做了贡献又做了多少贡献（如果我真的有些贡献的话），我现在之所以能够担任这个工作，全是我的老师对我进行教育的结果。在活着的时候，他们不但给了我良好的教育，在他们离世以后，仍然用他们的著作影响着我们以及其他的人。在他们的著作中，法律、风俗、政治都无一例外地被研究了。因此可以说，那些一生致力于智慧研究的人正是用他们的智慧和经验创造人类的福祉的人了。

基于这一原因，即使是敢言，只要智慧的元素，那也比沉默的思索（即使很深刻）更富教诲意义。思索完全是个人内在的行为，对外人并无益处；而敢言则有利于和那些因社会契约与我们联系在一起。

此外，正如蜜蜂聚集在一起不是为了建造蜂巢，建造蜂巢完全源于他们合群的天性一样，我们之所以能够在思想行动上统一方向地运用自己的技能也正源于人类那些天生具有合群的本性。因此，如果对知识的追求不能与旨在维护人类利益的美德（公正）追求相伴相随，那么，所追求的知识必是单调的，毫无价值的。

同样的道理，如果我们在前面提到的那种勇猛脱离了社会契约的制约，那么它也仅仅是一种野蛮粗俗的表现。从这个意义讲，人类社会的道德要求和那些将我们联系在一起的社会契约远比我们对知识的追求更重要。

有些人认为，人类社会契约的制定其目的是为了满足人们日常生活的需要。这种观点是不正确的。在一些人看来，如果失去了别人的帮助，我们自己不但得不到生活所需，而且也不能满足别人的需要。如果世上真存在像神话故事中所说的用一根魔杖就可以得到生活中所需要的一切用品，那么，每一个才能卓越的人都可以丢弃一切责任，一门心思地研究学问了。

然而，实际上这是不可能的事情。作为一个有思想、有情感的人，他一定会想方设法摆脱寂寞，去寻找一个与他志趣相投的人交流和探讨学问。当然，他也希望自己有能力去指导别人并从别人处学到知识。所以，我们应该把一切有助于维护人类社会的责任置于那些只习惯于自己沉思和科学的责任之上。

论责任冲突时的最优选择

人们也许会提出这样一个问题：是否可以把人的本性中的潜能或最深切的情感看得比节制和中庸更重要呢？我认为是不可以的。因为人的潜能中的有些东西未经道德的过滤，是很邪恶的。我想，作为一个智者，即使是为了国家的利益，也不会将此下策用于对方。波塞多尼奥斯①搜集了许多这方面的例子，其中很多不但丑恶、粗俗，甚至我们提起这一行为本身也有不道德之嫌。

所以，智者不会为国家的利益去实施那些不道义的行为，国家也不会以公众的利益为借口让智者去实施这些行为。其实问题也没有那么复杂，毕竟，在现实中也不可能出现智者为了国家利益不得不采用卑劣手段的情况。

综上所述，我们可以肯定一点绝对不改变的原则：当多种责任发生冲突时，我们应当把由人类社会的利益衍生出来的那些责任置放在首位——这是自然所决定的顺序。而谨慎的行为也必须首先以学识和

① 波塞多尼奥斯（Posidonius）：古希腊斯多葛学派哲学家。

智慧的存在为前提。在此基础上，谨慎的行为（行动）比所有的沉思（不做任何行动的思考）更有实际意义。

关于道德上的责任我已经说得很多了。在确定责任的问题时，我们很容易区分哪种责任更为重要。在社会关系方面，社会责任也有很明确的等级之别，人们一眼就能看出应当谁先谁后。社会责任的最正确顺序应当如此：首先对不朽的神灵负责，然后对国家负责，接着对我们的父母负责，最后对社会负责。

总之，我们已经了解到人们不仅会在某种行为是否有德行上感到迷惑，而且还会为分辨两种合乎道德的行为哪一种更合乎道德感到迷惑。正如在一开始时我所说的，帕内提乌斯忽视了这个问题。接下来让我们继续讨论剩余的问题。

第二卷　利

研究哲学的原因

亲爱的玛尔库斯，我相信在上一卷中我已经把责任是如何从道德上的正直，更确切说是如何从四种美德中衍生出来的问题说清楚了。接下来，我要讨论的主题将与生活上的安逸、获得物质享受的手段以及与财富和权势相关的那些责任有关。这方面的主要议题包括：什么是利，什么是不利；在多种利中，哪一种是更有利的，哪一种是更重要的。在与你讨论这些问题之前，我首先需将我要做的与我的哲学理论做一个简要介绍。

我的书尽管让许多人感到颇有趣味，也使许多人有了写作的欲望，但我还是担心某些高雅的绅士不喜欢这些称之为哲学的东西。他们也许会觉得奇怪，我这样一个人怎么会花那么多的时间去研究这些东西。

只要我们的国家还被那些值得信赖的人控制着，我愿意一直为她效劳。然而遗憾的是，我们国家现在却被一个暴君所控制着，以致我再也没有机会为她效力了。我已经丧失了所有的参与国家管理的职权，更可悲的是，还失去了曾与我一起为国效力的那些居于高位的朋友。不过尽管如此，我仍然没有消沉和绝望。我如果不与这些令人痛苦的状况做斗争，那我迟早会被它吞噬和毁灭。同时，我也没有沉湎于那些与哲学家不相称的奢靡的生活。

在内心深处里，我真切地希望我们的政府能够坚持以前的立场，不被那些不想改革只想废除宪政的人把握权力。不过，残酷的现实已然毁灭了我这一期望。事已至此，我也只好把精力和时间放在公众的演说上，而不是写作上了。即使写作，也只在写那些最优秀的讲演稿，不再从事论文的写作。残酷的现实是，曾经让我投入全部精力的共和政体或元老院已不复存在，而我再也不能在讲坛或元老院里进行演说了。

既然如此，而我的大脑又不可能完全处于停滞的状态，我唯有再次投入哲学的研究。在年轻的时候，我曾经用大量时间去学习哲学。在担任国家的职务以后，在公务的繁重负担之下，我只能在空余之时以阅读为主地研究哲学，只是没有时间去写点东西。我想，现在专心研究哲学的问题也许是我排除忧愁的最好方法。

我的哲学观点

论及处在悲惨的境遇中的人，我还算比较幸运。与我们的同胞相比，我还能够把那些他们根本不熟悉的知识写出来，试想还有什么比探求知识和智慧的活动更有意义的呢？毕竟还有什么比智慧对人有好处，更符合我们人的天性的东西呢？人们将那些探求智慧的人称为哲学家，而哲学这个词语解释成我们的语言，就是“爱好智慧”的意思。

如果再追溯一下古代对智慧的解释，我们会发现哲学在古代的释义是，“关于人与神的事情以及影响这些事情的原因的知识”。如果一个人对哲学研究不屑一顾，这个世界还有什么东西更值得重视呢？

假如我们所追求的正是精神上的快乐与舒适，那么还有什么研究比促使我们生活幸福而美好的哲学更有意义呢？如果我们重视的是性格和美德的力量，对哲学的探讨就是获得这些品质的方法，除此之外别无他法。否定这一说法的人肯定是说话不经大脑思维而又胡乱做事的人。放弃哲学这一学习美德的途径，还有什么其他的途径呢？

在鼓励人们研究哲学时，我总是详细地论述这个问题。我在另一部著作中正是这样做的。我现在所做的，不过是想向读者说明，我被免去公职后为何要潜心于这项特殊的工作。

不过，还是有一些人对我的这一做法提出了疑问，他们怀疑我是否能言行如一地坚持下去。我们学派的根本观点是，世界上的所有事物都存在人们不太明了的地方，于是对方用不无责备的口气指责我习惯对各式各样的问题发表自己的见解，而现在又试图信口开河有关责任的规则了。我真的希望他们能够认真地理解一下我的立场。

事实上，我们学园派并不是他们想象的那些思想游移、在采取何种原则上游移不决的人。如果一个人的思想习惯更确切地说一个人的生活中排除了一切的推理规则或生活规则，那么，这将会是一个什么样的情况？我们并非如此毫无原则的人，只是其他的学派认为有些东西只能用确定与否来判断，而我们认为有些东西并非那么绝对，可以用可能与否来判断。

那么，是什么东西促使我分辨那些似乎可能又似乎不太可能的事物，从而能够避免做出武断的推测和那种摒弃真正智慧和轻率的断言呢？我们学园派之所以如此喜欢辩论，也正是因为我们对什么事情是“可能的”这个问题还没有从根本上弄清楚。如果我们学派可以做出比较明确的评价，事情就不会如此了。这个问题我已经在《学园问题》一书中做了很详细地说明。

亲爱的玛尔库斯，你现在虽然师从的是那个古老而又著名的学派学习哲学，我还是希望你能了解我所在的那个学派的观点，因为这两个学派之间有着很密切的联系。

现在让我们回到本卷的正题。

论利与道德的正直的统一性

履行责任有五条原则：其中的两条与恰当以及道德上的正直有关，还有两条与生活的外在条件和选择（手段、财富权势）有关，而最后一条则是对前四条在发生矛盾时如何做适当选择的规定。道德上的正直这个主题，我已经在前面做了讲解，希望你对它已有了很深刻的了解。

现在我要讨论的是关于“利”（Expediency）的那条规则。“利”这个词现在已经被滥用了，其真实含义也以讹传讹了。这种偏差发展到今日出现了如此的状况——道德上的正直与利被割裂，认为道德和利是相矛盾的东西，认为有利的事情是缺德的事情，而很有德的事情却是没有利的。如果真将这样的一种观点纳入我们的生活，那真是害人匪浅了。

古时一些著名的哲学家在理论上把“利”与“义”的关系分为三类，而事实上，它们总是纠葛不清的。他们区分的原则是道德和良知的原则。在他们看来，有德的就是公正的，公正的就是有利的，而有德的必定是有利的。而那些不太了解这种理论的人，他们会习惯将那些精明和诡诈误以为是智慧。其实这种想法是错误的，必须加以纠正。唯有让他们深信只有道德和正义而不是精明和诡诈才能达到人们的目的，这才能真正改变人的道德原则。

论人互助的道德责任

在维持我们人类正常生活的那些东西中，有的是无生命的物，如金银、大地的出产，有的是有生命的，有自己的生命和本能，而那些有生命的东西大致可以分为两种，一种有理性，一种无理性。蜜蜂、牛马还有其他的牲畜，它们的劳动多少都有利于人类的生存和方便，但它们只有本能而没有理性。而世上有理性的只有两类——人和神。

敬虔的礼拜和内心的圣洁可以得到神的眷顾。在理性上次于神的就是人类了，而人是最能帮助人类的。

同样，上面的这种分法也可以帮助我们把那些有害的东西区分出来。人们普遍认为神不会害我们，于是人就成为对人最有害的东西了。

对于那些无生命却帮助我们生存的东西绝大部分都是人类劳动的产物。除非我们付出自己的劳动和智力，我们无法得到这些，也无法享用这些成果。世上很多事都是如此，没有人的劳动，就没有劳动保障、航海事业、农业以及谷物蔬菜的栽种或收获。如果没有人从事中介服务，也不会有富余产品的进出口贸易。同理，没有矿工的手工劳动，自然也没有那些金银矿产的出现。

人类互助的道德责任至关重要。让我们设想一下，如果社会契约没有教导我们同胞间要相互帮助，那我们人类在早期的时候将如何建造防寒避暑的房屋呢？或者说，当我们遭遇到地震、暴雨以及风吹日晒，如果没有人们的帮助，我们又怎能完成对房屋的修建？再细想一下那些水渠、运河、大堤以及人工港口，若没有人类互相协助的劳动怎么又会存在呢？

总之，从以上的事例中，我们可以清楚地看到，离开了人类的互助协作，我们根本不可能从那些无生命的东西中获取益处。

没了人类之间的合作，动物于我们又有什么益处，为我们提供什么服务呢？最早发现兽类有用的是我们人类。而如果我们不协作劳动，我们就无法驯化兽类，而家禽也就不可能得到训练和喂养，更不可能在适当的季节给我们提供物品。此外，消灭那些有害的动物，捕捉有用的动物也是我们人类。

我之所以列举那么多如果缺少我们的协作劳动就会变得毫无意义的事例，乃是因为互助的劳动技能，才是满足我们平常需要的关键，如果丢失了这些技能，病人就不会痊愈，健康的人也不会感到快乐，我们也根本没有什么舒畅可言一样。

无论从哪一个方面来看，我们人类的文明已远远超越了动物本身的需求和舒适标准。而其中人类的协助责任赋予了文明得以发展的一切关键。如果没有人类的交往，城市就不会存在。正是由于城市的存在，我们制定了很多相关的法律，保留了许多民风民俗，到后来又出现了私权的公平分配和完备的社会制度。一切完备后，在社会中又会逐渐地形成人道精神和对他人的宽容礼让。

最终，我们通过人与人之间交换、传授以及相互帮助使我们彼此的需求得到满足。

论人与人协作的美德

对于协作的重要性，其实我没有必要举那么多的例子。我们都知道帕内提乌斯所说的那个事实，即如果没有别人的帮助，无论是战场上的将军还是后方的政治家，都不可能为国家建功立业。帕内提乌斯还列举了许多名人诸如蒂米斯托克里、亚历山大等人的业绩。总之，如果没有别人的协助，任何一个伟人都不会取得伟大的成就。

当同胞之间亲密无间合作时，他们彼此都将从中得到很大的好处，但如果同胞间相互伤害，纷争所带来的灾害也是可怕的。亚里士多德学派的智者狄凯亚库斯①曾写过一本名为《人生的毁灭》的书。在书里他列举了会使人类毁灭的种种灾难，比如，洪水之灾、瘟疫、饥荒以及野兽之害等；而在所有的灾难中最具毁灭性的是人对人的伤害，比如，战争或革命等。

人是最能帮助人的，但同时又是最能伤害人的。值得庆幸的是，我们的社会还存在着各种美德，它能够驯服我们的心，使我们彼此心存诚善和互助之心。如果将人类能够从无生命的东西中得到有用的东西归功于各种相互协助的劳动技艺的话，那么人类为了能得到更丰盛

① 狄凯亚库斯（Dicaearchus）：公元前355～前285年，亚里士多德的一个学生，是第一个在地图上划了一条纬度线的人，这条纬度线从直布罗陀海峡划起，沿着托鲁斯和喜马拉雅山脉，一直到太平洋。

更美好的东西而达成的协议则应归功于人类内心存留的智慧和美德。

实际上，所有的美德都具有以下三种特性：首先是智慧。即能看出事物的本质，能够辨析出事情的前因后果。其次是节制，即能克制住欲望，把情感的冲动置于理性的控制之下。最后就是公正。它可以这样被解释：以智慧和宽容与人交往，通过合作使人们得到物质的供给，防止一切可能发生的灾害和报复，并以一种道德而又威严的方式，使敌人受到应有的惩罚。

论给予权势的动机

下面我要谈论如何赢得并保持国人对你的尊敬。在此之前我要先说几句作为开场白。

人人都知道神既能赐福又能降祸。当我们得到了神灵的庇佑时，我们的生活就会特别地顺达，凡事一帆风顺，顺利到达目的地。而如果命运之神冷落我们，我们将遭遇各种灾难。灾祸可能会源于自然，比如火灾、水灾、地震等；也可能源于野兽之害，比如，咬伤、踢伤等。不过，这些灾祸一般是很少发生的。最常发生的灾祸，我想可能是军队的覆没、将军的阵亡、民众的激愤以及忠臣被放逐、被革职等。

无论是灾难还是成功、官职的荣誉以及胜利，所有这些遭遇往往都包含命运的影响因素在其中。但如果没有我们国人的影响，这些所有的事情肯定都不会发生。

解释完命运对我们人类遭遇的影响，我们应该将注意力放在如何获得国人的尊敬上了。如果人们认为我讲的这些太啰嗦，那么请将这个问题的重要性与我讲的长度进行一下比较，也许就不会嫌我讲得太多了。

当有的人通过将一些东西赋予其同胞而提高他的地位或威信，寻了么这个人的动机可以分为以下六种。

其一，可能是出于善意，他们出于某些原因喜欢上他。

其二，可能是出于尊敬，他们也许会觉得他有良好的品质并可能会有光明的前途。

其三，可能因为比较信赖他，觉得为他付出对自己有利；还有的可能是害怕他的权势。

其四，可能希望从他那里得到某种赏赐，比如，从君主或民族领袖那得到赏金。

其五，可能是别人答应将来会给他以回报或酬金等。

其六，可能是为了这种许诺或给予后面某种更贪大的企图。

如上六种，最后的一种动机是最让人唾弃、最卑鄙、最视利的了。人们本应用善良和诚实来获得的东西用金钱来赢取是最卑劣的事情。当然，寻求这样的支持有时是避免不了的，因而我有必要解释一下该如何使用这种类型的支持。

人们依附于权势也出于不同的动机：善意、报答、对方有着很高的权位、希望能从对方那里得到一些好处、担心将来受到压迫等等。出于这些因素，面对权势我们常选择臣服。希望能得到报酬，或者被对方的许诺所诱惑，是今日在我们国家常发生的事情。

论让人畏惧的权势

论及这所有的动机，再也没有比“爱”更有助于在人们心目中产生长久的影响力；也再也没有比“畏惧”更能阻碍一个人的影响力的实现。恩尼乌斯[1]在他的诗歌里有句话说得特别好：

> 人们越是怕谁，就越是恨谁。
>
> 越是恨谁，就越是要巴望着对方尽快完蛋。

有一个事实已经很清楚，一个人的权势再大也杜绝不了人们对残暴的仇恨。那个暴君——朱利乌斯·恺撒的死亡[2]就已经说明了问题。历史上还有很多其他类似的例子可以让我们引以为戒：人越残暴，越难逃恶有恶报的惨死命运。

所以，用使人畏惧的手段来保持自己权力是最拙劣的方法。而赢得人们的爱戴和尊敬才是保持权力的最好方法。

话又说回来，那些依靠暴力而获得权位的人当然只能用严酷的手段维持自己的权威。如一个奴隶不听从主人的使唤，主人只好使用粗暴的方法。

在一个崇尚法律律约和自由精神兼而有之的国家里，如果谁想通过让自己处于令人敬畏的地位来维持权威，那么他一定是个崇拜权力疯子。个人的权威再大，也不能随意践踏民意，民意是不会屈服于暴力和权威之下的。公民的自由意志迟早有一天会在公众沉默的情绪中，或在重要国家官员的无记名投票选举中，行使出自己的公民权力，曾经受过压制的公民从中获得解放的而产生的意志是最坚固的。

还是让我们采取这样一种做法——不要让大家惧怕，而是让大家

---

① 恩尼乌斯（Ennius）：罗马共和时期的一位作家，他被后世认为是罗马诗歌之父。

② 这里指的是朱利乌斯·恺撒统治时期，以武力施行他的独裁，朱利乌斯·恺撒虽然死了，但人们迄今为止还依旧痛恨着他。

去尊敬和爱戴。它不仅能使我们赢得别人的好感，而且还能让你得到安全并保持长久的权势。唯有如此，我们才能在私人生活和公共生活中都获得预想的成功。

那些希望别人怕他的人也必定害怕那些被他威胁的人。狄奥尼修斯[①]由于害怕理发师的剃刀，受尽了恐惧的折磨，最后就用火红的煤烧断了自己的头发。费雷的亚历山大[②]，每当他从宴会厅回到他妻子的房间时，总是叫一个身刺花纹、手持裸剑、像色雷斯人的卫士走在前面，目的是为他开路，而且还派暗探来搜查他妻子的箱柜里是否藏有什么凶器。这是多么的可笑的事啊！他竟然连自己最爱的人都不相信，只敢相信那些侍卫和暗探。最终他还是被他的妻子杀害了。

的确，无论一个人的势力多么的强大，如果经常地生活在恐惧的阴影里，迟早会垮掉。法拉瑞斯[③]——凶狠和残暴的统治者——他并不是死于谋杀者，也不是死于几个阴谋家的诡计，而是死于阿格里根都姆的全体人民对他的反抗。

历史上马其顿人不也背叛了德莫特里乌斯而投奔了皮勒斯吗？斯巴达的盟国最后也因斯巴达的霸道而纷纷背弃，坐观斯巴达在琉克特拉战役中失败。

---

① 狄奥尼修斯（Dionysius）：生卒日期不详，古典西方基督教的奠基人物，他的思想成为中古神学的圭臬。

② 费雷的亚历山大（Alexander of Pherae）：公元前356～前323年，马其顿的亚历山大三世，马其顿王国国王。他统一了因敌对交战而分裂的希腊。

③ 法拉瑞斯（Phalaris）：公元前？～前554年，西西里的阿克拉加斯的僭主，以凶暴著称。常将活人放在铜牛里烧死以闻其声。

论爱戴而非畏惧的力量

在论述上述问题时，我引用了很多国外的例子而不是本国的例子来说明问题。论及罗马，我要补充几句，罗马帝国的立国之本是服务而不是欺压。罗马所进行的战争是为了盟国的利益或维护我们的最高地位。从规定的那些宽厚的行为以及只有在特殊的情况下才使用的酷刑便可以明白我们战争的根本目的是宽厚。

在这种立国之本下，元老院是各国国王、部族的庇护所，而以最大限度的公正无私保卫我们的行省和盟国是地方官员的最大抱负。因此，我们的政府应是世界的保卫者而不是统治者。

早在苏拉之前，我们就已经开始变革并执行这种政策了。可是，苏拉上台后就背离了这一政策，从那个时候起，人们已经不把欺压盟国、施行残暴的行为视为违背罗马人民意志的行为了。

当苏拉的非正义的胜利成为事实以后，他便竖起自己的矛，在市场上拍卖爱国者、富人，或者说是属于罗马公民的财产。他还自我宣称是在拍卖战利品，真是厚颜无耻。在他之后又有了一个人，他为了邪恶的事业而对胜利做了更无耻的利用。在胜利以后，他不仅没收了私人的财产，还对所有的行省和盟国大肆掠杀。

当恺撒镇压了某一部族的时候，在“胜利者”的游行队伍中，就会有人会举起一个马赛[①]的模型。这就像是在向世界表明，这个部族已经失去了它独立的地位，沦为恺撒的俘虏。我们曾看到人们庆祝攻

① 指恺撒大帝在公元前49年征服马赛时，凯旋的军人在街上的情形。

占某个城市时胜利的喜悦，但事实证明，如果没有当地人帮助，我们就无法取得根本上的胜利。

我们还可以举出更多使盟国遭受侮辱的例子。以我们立国之本为根据，这些都是令人感到可耻的事情，而我们应该为蹂躏了他国的疆土而受到惩罚。如果我们对那些可恶的罪行进行制止或惩处，苏拉也不会继续凶残下去，他的那颗邪恶的心也就不会被更恶的人继承。内战的导火线不会消失，只要那些心存恶意的恶徒还记得沾染邪恶战争的血的长矛，并抱着再次高举它的野心。

那支矛普布利乌斯·苏拉[①]曾经挥舞过，36 年后他又毫不犹豫地拿起了它。历史上还有一个苏拉，在鲁修斯·苏拉时期他还是个文书，可是在普布利乌斯·苏拉当政时期他却成了一个市财务官。在这样的“奖励”下，内战的因子才会永远地存留下来。

所以如今在罗马，昔日坚固的城墙依旧存留，也许要在很久之后的有一天才会毁灭，而我们的共和国却早已不复存在了。现在还是让我谈论我们的正题：在我们遭遇灾难的时候，正是我们希望让人畏惧而不是爱戴我们的时候。如果说这些灾难是缘于罗马人民的残暴而来的惩罚，那么作普通老百姓的我们应该期盼什么呢？

我们应该认识到，善良的力量才是真正强大的，而那些恐惧的力量根本不堪一击。既然如此，在下面我将要谈论我们应该用什么样的方法才能获得那种能够给我们带来荣誉和信赖的爱戴，而不是陷入毁灭自己的畏惧中。

---

① 普布利乌斯·苏拉（Publius Sulla）：约公元前 82 年，贵族派支持的苏拉率军占领罗马。次年，迫使公民大会选举他为终身独裁官，开创了罗马历史上军事独裁的先例。

实际上，对爱戴的需求程度因人而异，每个人都会依据他所从事的职业来确定自己是需要多大程度上的爱戴，需要多少人的爱戴。无论具体情况如何，我们应该把下面的这一原则看作不可或缺的内容：一个人至少也要有几个敬慕自己的朋友。在这一点上，伟人与我们普通人是没有什么区别的，他们都离不开友谊。

并不是每个人都同等程度需要政治上的荣誉、名声以及国人的善待；但假如一个人能得到了这些，那他必将获得更多帮助，得到更多的朋友。

论人民信任的获得

关于友谊，我已经通过上篇莱利乌斯的一席话中做了论述。现在让我们继续谈论荣誉，对于这个问题我也已经在两本书里做了论述。但我还是要再次进行简要的论述，毕竟它是处理众多重要事物的重要准则之一。

最高尚最真切的荣誉有以下三个特点：获得人民的爱戴、信任和敬慕。简单地说，赢得人民这种情感与博得某个人的这种情感其实并无区别。不过，从人民中获得这种情感还有另一条途径。找到了这种途径，你就可以轻而易举地走进所有人的心里。

要获得上文提及的荣誉的三个特点，我们首先需要考察以下人们的善意以及获得这种善意感情的基本规则。善意主要是通过仁慈的行为举动获得的，也就是杜绝残暴。其次，即使你没有做出实际的行动，只要你有要实施这一行为的想法，你同样也可以赢得人们心中的善意。因此，一个有名望的人，人们会广传他的慷慨、仁慈、温和、雅致、公正等，而由此他赢得了人们的爱戴。而善意的德行让我们在这些人的身上看到了所谓的道德上的“善”和恰当，这些善和恰当放射出了美德的光芒，我们的内心会在“自然”的驱使下对这些美德产生了敬仰之情，自然也对富有这些美德的人产生了爱慕之情。

此外，赢得人们的信任必须具备两个条件。

其一，必须让人相信你身上具有和正义感结合在一起的有用的智慧。我们总是选择那些比我们自己更有智慧的人，信任他们，认为他们能预见事件的发展。他们在紧急的情况下也能审时度势，应对裕如。他们体现出的智慧在我们的心目中正是真正有用的智慧。

其二，你必须公正而诚实，也就是说你必须是一个好人。人们认为，唯有你是个好人才不会做出违背道德的事情。

由上可知，两种品质比较而言，公正是最容易赢得人们信任的品质。一个人即使不具有有用的智慧，公正的品德也会使人们对之投以信任的目光。而一旦智慧没了公正，想赢得人们的信任往往不可能。如果一个人缺少诚实正直的品质，他愈显得聪明和机敏，他只能愈显得可恶和令人生厌。

总而言之，同时拥有公正和有用智慧的人会得到所有我们想要得到的信任。如果只有公正却无智慧，而他能够有所作为的话，他仍然能够赢得人们的信任。一个人如果只有智慧而无公正，他将与人们的信任无缘。

论赢得人们钦佩的品质

讨论到现在，也许会有人问我：为什么一定要选择将这两种美德割裂开呢？回答这个问题的理由很简单：因为两者兼备的人往往不多，而只具备其中一种美德的却大有人在。哲学家也这么认为，如果一个人具备了一种美德，那么他就具备了所有的品德。

为何如此？依我之见，这乃是因为为探究哲学上某一抽象的真理所使用的语言与为了适应普通人的思维所使用的语言是两码事。前者需要精确的语言，后者则需要通俗的语言。当我说某个人善良、聪明、勇敢时，那是在使用通俗的语言，唯有使用这样的语言才能使普通人看明白。在这一点上，帕内提乌斯也是这样做的。

下面还是让我们回到正题。

在上文谈到的荣誉的三个要素中，第三条要素是得到国人的敬佩。人们对那些伟大的或比他们预期要好的事物都会感到欣喜和敬佩，对那些超乎人们想象的优秀品质则会更加的敬佩。

因此，对那些有着高贵品质的人我们都会喜爱有加，而对那些无能、懦弱和消极的人则会鄙弃。不过，人们对那些邪恶的人并不是都会鄙视，尽管他们是那么狂傲、阴险甚至恶毒。其实人们真正鄙视的是那些“对自己或邻居都无用”的人，那些人的突出特点是闲散、慵懒，对任何事都冷淡漠视。

另外，人们往往对那些才华出众、光明磊落、身无恶习的人特别尊重。而对那些沉迷于享乐，特别是女色的人，人们往往唾弃鄙夷，认为他们的行为背弃了道德的准则。这些人遭遇灾难便惊慌失措，面临严峻考验便无所适从。

毋庸置疑，生与死、贫穷与富贵对所有的人都至关重要。当那些被人们鄙夷的人因为外界变化惊慌失措时，那些拥有伟大的思想和崇高的目标的人是从不被这些外部的环境左右。他们会坚定不移地朝着自己的目标努力，宠辱不惊。像这样的人，有谁不会为他们的高尚美德而心生倾慕呢?

论公正的品质

因此，不为外物役使的心灵是最受人们敬仰的，尤其是心中具备公正德行的人。在人们的心目中，公正是最值得称赞的美德。如果一个人害怕死亡、困苦、被放逐和贫穷，或者对他的敌人不能有一个正确的态度和看法，那他一定无法成为一个公正的人。人们还特别敬重那些不为金钱所动的人。一个能经受住了物质考验的人，他一定能够蔑视火刑的威胁。

获取荣誉基本前提条件有三：一是要有公正的善意，能为大多数人服务；二是对他人要有信任之心；三是敬佩，则正是因为公正的德行决定的，它使一个人鄙视那些大多数人狂热追求的东西。

在我看来（想必其他人也会这样认为），人无论过一种什么样的生活，从事什么样的行业，他都需要与别人合作。他最起码的需要是，获得一个与他共享交往之乐的朋友。

如果一个人要想做到这一点，首先他必须是一个好人。公正的品质对每一个人的生活有重要意义。即使一个淡于交往、隐居乡间的人也需要公正的名声——他甚至比一般的人更需要公正。

如果缺少了公正，他可能无法获得别人的拥护。在这样的情况下，他极可能被别人冤枉。同样的道理，公正对于那些买卖双方、雇佣双方和普通商人都是必不可少的东西。

我们可以毫不夸张地说，就是那些依靠罪恶行为来谋生的人，同样少不了公正。

我听说，盗窃团伙也会把公正作为他们的“规则”。如果一个强盗把他同伙的东西抢走或骗走，那他在这个团伙中将无立足之地。如果强盗的头目对盗来的赃物分配不公的话，那他会遭到同伙的嫉恨——要么被他们所抛弃，要么被他们所杀害。这一点我们可以从狄奥波普斯的作品中看到。伊利里尔①的土匪巴都利斯曾因赃物的公平分配而发展成为了很大的势力。路西塔尼亚②的维里埃瑟斯的势力更大，他甚至敢公开的和我们的军队相对抗。后来盖乌斯·莱利乌斯举兵进剿他们，并与其订立了盟约，才使其继任者轻松地征服了他们。

由此说来，公正甚至能使强盗的势力增大，那么我们的法庭和立宪的政府这样的正义之体制岂不更能从讲求公正中获得更强大的力量呢?

论建立公正的领导

至少我个人这样认为，正如希罗多德③所说的那样，我们的祖先和米底人④都拥戴那些具备品德高尚的人，推选他们为首领。这样做的目的就是为了让人民享受最公正的待遇。当那些弱势无助遭到欺压

---

① 伊利里尔（Illyrer）：公元前1000年左右，中欧一部分移民迁徙到希腊西北部巴尔干半岛西部，后来这一带就叫伊利里尔。

② 路西塔尼亚（Lusitania）：古伊比利人和塞尔特人混血而成的路西塔尼亚人。

③ 希罗多德（Herodotus）：约公元前485～前425年，古代伟大的历史学家，人们尊为“历史之父”。

④ 米底人，小亚细亚古国，西起小亚细亚以东，东至波斯湾北部。米底人是一支印欧语系人，生活在伊朗高原上。亚述帝国曾入侵伊朗高原试图征服。亚述的入侵促使米底各部落走向联合，从而形成了米底国家。

时，他们希望从具有公正美德的人处寻得帮助。而那些被拥戴的人应该保护弱者，并通过自己的努力创造公平的环境，使上层社会和下层社会都享有同等的权利。

实际上，制定宪法的理由与拥戴品德高尚的人一样，是为了尽量创造一个公正的环境，来保障人们的基本权利。寻求在法律面前的人人平等。

权利是人人享有的东西。如果人们享受不到，那它也就不是权利了。如果人们能够用公正善良的方法达到了自己的目的，他们会感到满意。否则，我们只能通过制定法律使得任何人在法律面前得到公平的对待。

因此，我们能够明白为何国家一般都是选那些品德高尚、公正清廉的人作为统治者。除此之外，他们还必须要有智慧。人们会对兼具两者品质的领导人回报信任，认为在他们的领导下没有办不到的事情。由此可见，我们一定要尽一切努力将公正的意识树立起来，这不仅是为了公正本身，也是为了提高我们自己的声誉。

正如人们能够设法赚到钱并用它进行投资以赚到更多的钱一样，我们也可以想办法得到和对荣誉善加使用。

苏格拉底曾说：“有一条获得荣誉的最便捷的方法，就是努力使自己成为你希望被别人承认的那一种人。”如果一个认为自己可以通过虚伪获得人们的称赞，那他就错到了极点。真正的荣誉是恒久的，不像那些绚丽的花朵转瞬即逝。任何虚伪的东西都不会有一个长久的未来。

在这方面的例子历史上有很多，在这里我只举下面这一个。如果我们还没有忘记的话，罗马的提贝瑞乌斯·格拉古斯就是为我们所尊敬的人。但一提起他的那些儿子，我们就会鄙视。在他活着的时候，被爱国者鄙夷不耻，而死后人们则将其视为即使被杀害也是不值得同情的人。

总之，一个想赢得人们尊重以及荣誉的人就必须履行好由公正所要求的那些责任。而这些责任我已经在前面做了论述。

论年轻人如何获得荣誉

其实问题的实质就是，我们实际上就是我们希望被别人承认的人，只不过我们还是需要制定一些规则以促使我们相对容易地获得荣誉。如果一个人在青年的时候就担负着不辜负盛名的责任，那么无论他是如何得到这个盛名，人们都将把注视的目光投向他。在这种情况下，他所有的言行都不可能被隐藏。他的品行已经成了人们所审查的对象。我们还必须注意的是，一个出身卑微的人一般是不会被人们所注视的，于是他长大以后，就应该树立远大的理想，并为这个远大的理想而努力拼搏。同时，他还应该有一个很好的心理准备，因为人到了这个时期，多是习惯于得到宠爱，而不是受到打击。

所以，在心底，我很希望年轻人去当兵，并努力在军队中获得荣誉。在我们祖先的时代战争很多，他们中的很多人都是在军队里建功立业的。而亲爱的玛尔库斯，你所处的这个时代虽然存在着战争，但战争的一方不是邪恶的，就是屡战屡败。幸运的是，你还是从庞培那里赢得了骑兵中队长的位子。在战场上，你表现得很好，赢得了庞培本人和其他士兵的称赞。遗憾的是，你所获得的地位在今天这个共和国政体被瓦解的时代已没有什么大意义了。

我之所以讲到你的经历，并不是想对它进行讨论，而是它本身具有普遍性的意义。让我们接着谈论下去。

事实上，正如脑力劳动比体力劳动重要得多，那些用我们的才智所达到的目的比那些用体力所达到的目的更容易在内心产生高层次的感激之情。因此，年轻人要想赢得人们的尊敬，最重要的就是要从自律和对父母长辈的尊敬做起。

另外，还有一种简单的方法，那就是同那些有名的智者和爱国的国家智囊人物经常接触。这么一来，别的人就会这样认为：他和这样的名人交往说明他也希望自己有朝一日也能成为名人那样有作为的人。

比如，普布利乌斯·鲁提利乌斯就是这样的人。他在青年时期常去普布利乌斯·穆丘斯家拜访。而鲁修斯·克拉苏斯并不是这样。在年轻的时候，他完全依靠自身的努力在那次著名的指控中为自己赢得了演说家的美誉。当时那些与他同龄的人还在学校里学习演讲术呢。不过，鲁修斯·克拉苏斯虽然是个很有才华的演说家，但还是在家里经过了刻苦的训练，一切的得来并非不费吹灰之力。

论赢得荣誉的演说才华

我们可以把讲话分为两种：一种是谈话，另一种是演说。演说中的雄辩能力诚然能够赢得人们的称赞，而那种和蔼可亲、谦虚文雅的谈话也很容易赢得人们的赞誉，而且它所产生的作用是很难估量的。我们曾经读过腓力①写给亚历山大的信，也读过安提帕特②写给卡山

---

① 腓力（Phili）：约公元前4世纪，这里指的是亚力山大的父亲，马其顿国王二世。

② 安提帕特（Antipart）：约公元前4世纪，马其顿将军。

得[1]、安提戈努斯[2]写给小腓力的信。据说这些信是历史上三个最聪明的人写的。

在这些信中，他们都教导自己的儿子要用温和的言辞去赢得民众的敬慕，用动人的演讲获得士兵的忠诚。实际上，在大会上发表精彩的演讲是最能打动听众的心了，人们会因为他精彩的言论而认为他是一个富有智慧的人。如果一个人在演讲中能够稳重和温和，那他一定会受到人们的敬重，而一个年轻的人做了这一点，那更容易获得人的敬佩了。

其实，需要好口才的场合特别多。在我们国家有许多的年轻人都是因在法庭、群众大会以及元老院上表现出了很好的口才而赢得了荣誉。其中，他们在法庭上的演讲才华最值得称赞。

在法庭上的演说主要有两个类别。一种是起诉，另一种是辩护。为别人辩护并赢得胜利能得到人们的称赞，起诉时的演讲也能赢得人们的赞美。比如，我在前面说到的克拉苏斯就是这样的一个例子。马克·安东尼在他青年时代也获得了同样的成功。普布利乌斯·苏尔皮修斯（Publius Sulpicius）也曾经因起诉而赢得了人们对其口才的称赞。当时，他所起诉的对象就是那个煽动叛乱的盖乌斯·诺巴努斯[3]。

不过，在我看来，这样的事情不应该经常去做，或者说不应当去做。做下面的事情可以除外：或为了国家的利益，或为别人雪冤（就想卢库卢斯兄弟做的那样），或为了保护地方的老百姓（也就像我原

---

① 卡山得（Cassander）：安提帕特之子。

② 安提戈努斯（Antigonus）：公元前4世纪末马其顿国王，生前十分推崇斯多葛学派的创始人芝诺。

③ 盖乌斯·诺巴努斯（Gaius banus）：古罗马禁卫军长官，曾被指责策动克拉苏斯的叛乱。

来为了保护西西里人那样)。

总之，这种起诉别人的事情一辈子只做一次就行了。如果一个人经常地做这样的事情，那他应该做那些事关国家利益的事情。一个人为了国家利益而起诉某个人是很让人敬佩的，不过做这样的事情也应该有个限度。为什么呢？因为它意味着去剥夺人的公民权。如果一个人没有铁石心肠的话，他是做不下去的。而且做这样的事情往往会被人们认为是个不近人情的家伙，他可能会因此遭遇危险甚至名声扫地。比如，尽管玛尔库斯·布卢图斯①出身名门，而他的父亲是一个民法权威，但他最终还是因为经常做起诉之事而被别人冠以“起诉者”的绰号。

当我们迫不得已要起诉别人时，一定要遵循这样一个原则：无论如何也不能起诉一个无辜的人。做这样的事是种罪恶的行为。

我们拥有的辩护之才是“自然”赐予我们的。如果我们用这种“自然”所赐的礼物去伤害别人，难道不是最邪恶的事情吗？当然，我们说不能对一个无辜的人进行指控，并不意味着不能为罪犯辩护。对一个并非罪大恶极的人进行辩护，是人们所期望的而且也是被人们认可的一种习惯，也符合人道的要求。

法官在审理案子时当然应该把事情的真相查清楚。而辩护人即使在辩护中的言辞不太合理也应该坚持下去。

我在谈论道德的文章中说这样的话是不太恰当的。如果帕内提乌斯也这样认为的话，那我真的不应该这样说。不过，为有罪的人辩护

---

① 玛尔库斯·布卢图斯（Marcus Brutus）：公元前85～前42年，是晚期罗马共和国的一名元老院议员，曾组织并参与了对恺撒的谋杀；父亲德希马·布卢图斯是一位政治家。

确实是符合人道的。为那些有罪的人进行辩护也能为辩护人带来荣誉。如果他为一个被诬告者辩护，而诬告者又是个很有权威的人，那他更应该全力去做。

我在年轻的时候就曾经为很多的被诬告者辩护。比如，我曾经为阿迈利亚的塞克司图斯·罗修斯[①]辩护过，而当时诬告他的人就是因为他的后面有那位独裁者鲁修斯·苏拉为其撑腰。我为这个案子所做的辩词已经发表。阿提库斯[②]，这事情的来龙去脉你是知道的。

论施给的尺度

我已经把年轻人为赢得荣誉所应该承担的责任做了阐述，下面谈论的是有关仁慈和慷慨的事情。

我们表示善意有两种方式。第一种是服务；一种是给别人钱财。

后一种方法对于那些有钱人来说实在是很容易的事情。但服务这种方式才是最高尚的行为，它特别地适合那些富有韧性而人品杰出的人。因为尽管这两种方法都表现出了很大的慷慨，但后者需要付出自己的精力，而前者只是拿出自己的积蓄。采取施舍财物的方法迟早会使他的慷慨之心枯竭，毕竟总有一天他的财物会施舍殆尽。他资助的人越多，自己可以再资助的财物就会越少，并非长久的事。

---

① 公元前81年，罗马原元老院执政官塞克司图斯·罗修斯（Sextus Roscius）被控谋杀他的父亲，如果被判有罪，他面临着死亡的判决，这是执政官苏拉所希望见到的。西塞罗则不惧威胁，大胆站出来为他辩护，最终塞克司图斯·罗修斯被判无罪。

② 阿提库斯（Atticus）：公元前110～前32年，出身富有的骑士家庭，他虽然同当时罗马的许多上层人物有联系，但他始终注意保持中立。

相比之下，服务的方式却并非如此。尽自己所能帮助他人的好处有很多：首先，他帮助的对象越多，乐于行善的人也就越多。其次，当他为别人服务久了就会养成一种习惯，这种习惯会促使他为人们提供更完善而周到的服务。

腓力的儿子亚历山大为了获得马其顿人的好感曾经计划送给他们钱财。对此，腓力进行了严厉的批评。他说："究竟是什么原因促使你采取这样的方法？难道用送钱财的方法就能收买那些人的俯首帖耳？难道你想要那些人把你看作他们的财务管理员和食品供应者，而不把你当作一个君主？"

腓力用"财务管理员和食品供应者"这样的词语来批评亚历山大真是一针见血。作为王子的亚历山大采用这种方法博得好感对他而言只能是一种耻辱。腓力用"贿买"[①] 来形容亚历山大的行为也很是精当。物质的收买只能使马其顿人变得更加贪婪和堕落。

腓力的话虽然是教训他儿子的，但对于我们所有的人都是一种警醒和告诫，我们都应当谨记在心。

而选择用服务的方式来表现慷慨之心是最值得人敬佩的了。这一点毋庸置疑。

当然，我们也不能完全否定施舍钱财这样的方式，比如对那些生活困顿的人进行适当的接济也并非不可行。所有这些帮助都要注意一点：把握一个度。

现在已经有许多由于施舍过度而把自己的家业都赔了上去的例子。如果一个人采用自我毁灭的方法做自己喜爱的事情，恐怕真是最

---

① 西塞罗用"贿买"表示金钱上的腐败，堕落。

愚蠢不过的事情了，无疑是杀鸡取卵。我们反对这种做法还有一个原因，过度施舍常常会导致人们去劫掠。

当一个人接济别人过度从而使自己生计困顿时，他就会选择去劫掠别人的财物。我们施惠本是为了想博得别人的好感，结果却是劫掠别人而滋生仇恨，真是得不偿失了。谁能保证施舍带来的爱能抵挡掠夺带来的仇恨呢？

所以，当我们的钱袋饱满时，既不要捂得太紧，当别人需要时，我们应该表现出自己的慷慨；同时也不应该放的得太松，对什么样的人都无选择无节制的施舍只会适得其反。

总之，我们要记住这样一句话："施舍无尽头"。那些习惯接受施舍的人会养成贪婪的心理，他们永远没有知足的一天。而那些没有接受过施舍的人，因为那些习惯接受施舍人的影响也会心生不劳而获之心，滋长出贪念。对于这样的人，施舍怎么会有止境呢？

论施财于民的合宜方式

在通常情况下，我们所理解的慷慨施舍者大抵有两种：一种是滥于施舍；一种是仗义疏财。一种情况主要表现在宴请嘉宾、角斗表演、大型游乐或斗兽等场面。为举办这类活动而"出手大方"，这只能给人们留下短暂的记忆，浮华的奢侈过眼就忘。而后者则表现在帮助他人赎回人质、替欠债的朋友还债、为出嫁的女儿置办嫁妆或者帮穷困的朋友增加财富等义举时，毫不吝惜。

直到现在我对狄奥夫拉斯图斯在《论财富》中的那些论述仍感到惊异。应该说这本书的大部分内容是很好的，但他却用了很大的篇幅论述那种游乐的好处，认为把钱用在这上面是实现财富价值的最好方法。这真是很荒谬。

相反，我认为把钱用在那些符合道义的事情上最能实现财富价值。有关仗义疏财，我已经讲了很多的例子。

亚里士多德曾经批评过人们中的这种举动：把钱财花在为博取群众好感而进行滥施行为。他指责我们对此种行径竟然无动于衷。他说："假如一个城市被围困，城里的人要想得到一品脱水需要拿出一枚金币。在一开始我们可能会感到惊讶，但当我们考虑到自己的需要时，便答应了这种要求。然而，我们对那种奢华的行为却熟视无睹、不以为怪。这种挥霍的做法既不能为操办者带来威望，也不能给享受者留下长久的记忆。享受这些快乐的人都是些轻薄之徒，他们的欲望一旦得到满足，就会把这种奢华之乐遗忘殆尽。"

由此亚里士多德得出了一个精彩的结论："这些娱乐只能使那些儿童、愚蠢的妇女以及具有奴性的人感到快乐。而对于一个态度严肃、对事情有判断力的人而言却是从来不把它当成一种快乐。"

遗憾的是，在我们国家中，当一个杰出的人当选为市执政官时，人们往往期待他举行盛大的招待活动。而且，这似乎已经形成了一种习惯。

实际上，在古时候它就已经存在了。普布利乌斯·克拉苏斯和后来的鲁修斯·克拉苏斯[①]，在他们任市执政官时都举行了大型的比赛

① 西塞罗在这里指的是克拉苏斯兄弟，前者因为财大气粗，被人冠予"巨富"的别称；后者则也秉承了前者的劣习。

以及招待活动。此后阿庇乌斯·克劳迪乌斯[①]的儿子盖乌斯·克劳迪乌斯（Gaius Claudius），还有卢库卢斯等人都做了类似的事情。

在我任执政官的那年，普布利乌斯·朗图路斯[②]则比以前的所有人做得更奢华铺张。而斯考路斯则试图在这方面赶超前人。而我的朋友庞培，在他第二次当选执政官时，所举行的活动则是空前绝后的。在后面我的论述里，阿提库斯你将看到我对这些事情的所持的观点。

论施给财富

当然，我们也应当防止人们对我们产生吝啬鬼的看法。玛尔库斯是个很有钱的人，但他拒绝担任市政官（不愿举行招待活动），结果没有被选为执政官。因此，当人们要求有招待活动时，思想成熟的人应该权衡一下利弊。他即使不愿意请客，也应该答应。在这种情况下，最重要的是应该像我那样量力而行。

如果一个人想通过施财于民达到某种比之更重要的目的，他不妨采用这种请客招待的方法。比如，奥勒斯特斯曾经为了祈求神佑以向神敬献“什一祭品”为借口而宴请宾客，他还是赢得了人们的称赞。

在粮食价格高涨的时候，玛尔库斯·赛乌斯（Marcus Seius）曾以很低的价格把粮食抛售出去，不但化解了人们对他的仇恨，还获得了好口碑。而这个举动对于他的财富而言并非不可担当，这种行为也

---

① 阿庇乌斯·克劳迪乌斯（Appius Claudius）：公元前？～前159年，罗马贵族监察官，资深元老。

② 普布利乌斯·朗图路斯（Publius Lentulus）公元前57年罗马执政官，那年他放逐过西塞罗。

不违背道义。

最近这样的例子要数我的朋友米洛（Milo），他为了国家的利益花钱雇佣了一批斗剑手，并且用他们的力量阻止住了普布利乌斯·克劳迪乌斯想实行恐怖统治的阴谋，由此他获得人民给予的敬佩和最高荣誉。

当情况比较特殊或者为了谋取高于钱财的更大利益时，我们可以选择施财的方法，并且应当遵循中庸的原则。昆图斯的儿子鲁修斯·菲力普斯是个才华出众、声誉良好的人。他常夸耀自己没有请什么客，没有耗费什么资财，宴请什么宾客，也同样跻身国家权威之列，被赋予国家的行政权。还有克塔以及库里奥，他们也曾这样说。至于我，我想也可以自夸一下，在我以获得全票通过的情况下当选市政官时，我所付出的费用是很少的。

另外，如果我们把钱财用到修建城墙、港口、水渠以及其他一切的社会公众设施上，那么这样的支出是最正当的了。当然，对某些人施舍姑且可以使他们得到一时的满足，但远不如把钱用在为了子孙后代所做的公共建设上——这才是更长久的恩惠。

庞培是我比较尊敬的人，在这里我不想对那些由他修建的剧院、寺庙等进行批评。但一些伟大的哲学家比如帕内提乌斯就很反对这些东西。佛勒鲁姆的德莫特里乌斯也这样认为。他曾经批评希腊最重要的人物波利克里斯不应该把钱浪费在那些在雅典卫城入口处的宏伟建筑上。关于这个问题，我已经在《论共和国》中做了细致的讨论。

总的来说，花钱要花在有用之外。花大量的钱修建宏伟建筑是错误的。但在某些特殊的情况下可以这样做，不过我们必须量力而行，且不要超过一定的限度。

论仗义疏财的善行

我们从事那种道义性的疏财时应该根据具体的情况而定。比如，在对待那些处于困境和生活虽一般但想改善状况的人是应该有所区别的。我们应当对那些处在困境的人进行帮助，而对那些罪该至此的人不予理睬。对于那些只想改善生活的人，我们不应该一概拒绝，需要我们对施惠的对象做一个认真的判断和筛选。施善也必须有选择，恩尼乌斯曾经在他的诗歌中有过这样一句话：

在我看来，方向错误的行善就是作恶。

对一个善良并且知道报答的人进行帮助必然会得到他的报偿。也就是说，我们不仅能得到他的好感，而且会因此得到其他人对我们的好感。尤其当施惠的行为很谨慎时，人们不但会给以很大的尊敬，而且还会积极地称赞这种行为。可以说那些身处高位的仁慈之心是所有的人都可以享用的“公共避难所”。

因此，我们应当尽最大的努力把这种仁慈给予更多的人，让那些接受恩惠者的后代永远铭记住这一仁慈。忘恩负义的做法是邪恶的行为，也是最伤害施惠者积极性的行为。我们应该将那些忘恩负义的人看作所有穷人的敌人。

赎买俘虏和接济穷人，对国家、对个人来说，都是有利的善行。我们可以从克拉苏斯的一篇演说辞中找到我们这一阶层的人做过善行的证据。在我看来，把钱花在善行上比花在举办比赛和招待活动上要好得多。善行是那些正人君子们所做的事情，而后者是那些惯于阿谀奉承之人所做的卑行。换句话说，他们是在用无聊的快乐迎合那些低贱民众的喜好。

作为一个君子，他不但要慷慨施惠，同时还应该为别人着想，不要强行向别人索要报偿。在一些商务的交往（包括买卖、租赁、在房屋和地产方面的商务交往）中，我们应当遵循公平合理的原则，并在适当的情况下显示出自己的慷慨，做出一定的让步。如果利益能够允许，我们还应该尽量不提起诉讼。

毕竟放弃一点利益，不仅表现出自己的大度，从长远上看也仍然是有利的。

不过，我们必须管理好自己的钱财，如果财富在小地方慢慢流失，这是很丢人的事情。另外，我们还要避免自己成为吝啬鬼或守财奴，财富毕竟是让人受益而不是用来遭人诽谤的。

狄奥夫拉斯图斯①很推崇好客的做法。我也这样认为。作为一个名人，他应该向宾客开放自己的家。如果外国人在我们国家能够得到热情的款待，那势必带给我们荣誉。通过对外宾的贴心款待获得国外的赞誉是一种很聪明的做法。狄奥夫拉斯图斯曾举过这样一个例子：

雅典的西门对自己的同乡拉基亚代人特别热情。他还要求家乡的府邸管家对那些来到他府邸的拉基亚代人尽心款待。

论为他人辩护服务的善行

通过个人服务而非施财所表现出的仁慈，有时会使整个社会得到益处，有时则使个人得到益处。为一个人的合法权利进行辩护（做他的法律顾问），或者用那种知识让更多的人受益，这些都会扩大一个人的影响，从而提高他的声誉。

---

① 狄奥夫拉斯图斯：公元前 370～前 285 年，古希腊哲学家，亚里士多德的得意门生。

我们的先辈给我们留下所有的能让我们钦服的观念中，有一个观念影响了我们世世代代：自始至终对民法涵义的高度重视和潜心研究。尽管我们现在处的是一个不安稳的年代，仍是如此。但是，我们国家中的那些被称为杰出人物，却一直占领着这一行业的绝位置，不断实践这一思想。

遗憾的是，法律学识的声望与高贵的官职已经严重脱节了。这是很可悲的事情。一个人在法学上的成就远远地超过了前人，可他的荣誉却无法超越前辈。不过，我相信这种服务的重要性早晚会被人们认识，而且随着我们服务水平的不断提高，使我们与大众的关系更加密切。

此外，这种服务与辩论才能息息相关。一个人如果拥有辩才，就很容易被人们喜爱，并且因此得到荣耀。试想，如果一个人通过自己的辩才使沮丧的人重燃生活的希望，人们怎能不会尊重他、不感谢他？

正是出于这个缘故，我们的先辈才会经常地从那些拥有辩才的人才中挑选称职的文职官员，那些平时热爱自己的工作，并能够遵照先辈的习俗规范自己的言行，以及能全心全意地为别人辩护的演说家，就有更多获得赏识的机会，同时他们也有很多的机会为他人提供的援助。

希望我所讨论的话题能够给人们这样一个启示：我对目前雄辩术的衰败状况深感难过。实际上，要不是顾虑别人以为我在为自己的利益辩解，我早就想这样说了。我对现在的情况很清楚，许多演说家都已经不在了，现在出色的也为数不多，而那些自以为是、不学无术的人却比比皆是。

不过，我们还应该清楚这样一个事实：并不是所有人或者说不是许多人都能够精通法律，或者都能像律师那样能言善辩，但能言善辩的人还是能通过下面的这些方法来为别人提供服务。他们为了支持约定而尽力去游说；在陪审官和法官面前为了他们的人品而出庭作证，兼顾双方的利益；帮对方寻找律师或辩护人。从事这一服务，他们也能赢得很多人的感谢，目前他们的活动范围也很是广阔。

当然，我们没有提醒那些从事这一行业的人在为别人提供服务时要谨慎，不要去伤害其他的人的必要性。如果他们真的常常伤害别人的感情或伤害那些本不该伤害的人，那这只能说明他们的愚蠢和不负责任。如果别人受了伤害是缘于他们的过失，这就是他们的疏忽。如果这种伤害是缘于有意，那只能说明他们的恶意。

一个人如果伤害了别人的感情，他应该尽快地道歉，并且向受害者解释他的迫不得已，而且还应该尽自己最大的努力去弥补过错。

论提供个人服务的准则

当向被资助者提供服务时，他们的品格和面临的景况往往是我们考虑的首要对象。可我们常常会做这样的表白：在向别人提供帮助时，我们考虑的是他们的人品而不是他们的景况。话说得多么漂亮呀！

让我们仔细观察一下事实，现在哪一个人不是冲着那些有钱的人的钱袋来提供自己的服务的？而又有多少景况可怜、生活贫困的人却被忽视和抛弃了呢？

他们之所以这样做，原因是从有钱的人那里获取的回报远比贫困的人给予的回报快而且多。

其于此，我们就要应该认真地思考问题的核心：一个穷人固然不可能给予物质上的丰厚回报，但如果他是一个好人，他至少会向为他提供服务的人表示感谢。有的人说的比较实在："如果一个人还债务缠身，那说明他还没有还钱的能力；如果他已经不负债了，那说明他已经还债了。而如果他还的是自己的真诚感谢，那么接受者应该有受惠的感觉。既然有了受惠的感觉，那就说明欠债人已经做了回报了。"

从另一方面看，有很多因为富有而自以为尊贵、幸运的人，他们打心眼里是从不愿接受别人善意的服务的。原因很简单：因为他们认为自己接受别人的服务并不是自己的荣幸，而是服务他的人从他那里获得了荣幸。他们甚至怀疑别人对他们提供帮助是有什么不可告人的阴谋，或想索取什么回报。被别人保护或被人称作"受庇护者"，这比让他们去死还难受。

与此相反，贫贱的人却不这样认为，他们总是认为向他们提供帮助的人，不管在何种情况下都是冲着他们这个人而做的，这是对他们人品的一种肯定，而不是出于对所处的景况的可怜。他们感谢那些曾向他们提供帮助的人，也感谢那些希望将来从他们那里得到回报的人。这样的人即使向别人提供了自己的服务，也不会到处去夸耀出去；即使说了也只是谦虚地表示这是小事而已。另外，我们还不应该忽视这样一个事实：你如果为一个幸运儿辩护，那么你的恩惠惠及其本人及其子孙。为一个贫穷但却正直的人辩护，你的行为将被看作是在为他们建造保护塔。因此，在我看来，为贫穷但正直的好人服务要比为那些幸运儿服务好得多。

当然，我们还是应该尽可能地为那些处于不同景况的人提供服务。如果在这方面发生了选择的冲突，我们则必须遵循蒂米斯托克里的忠告。有人曾经问过蒂米斯托克里这样一个问题：你是愿意把你的女儿嫁给一个贫穷而正直的人呢，还是愿意把他嫁给一个很富有但不太受人尊敬的人？

蒂米斯托克里的回答则是："我宁愿选择那个没钱的人，而不选择那个没有人的钱。"

遗憾的是，现在人们的道德观念都已经堕落了。他们最崇拜的是财富。可是有没有钱或有多少钱与我们自己有何关系呢？一个人拥有很多的财富这对他本人来说也许是好事，或许是祸事。即使钱对他有好处，钱能使他成为一个更好的人吗？

此外，如果我们打算帮助一个富有而正直的人，而我们的动机并不是为了他的财富，那我们就不要让他的财富成为我们帮助他的障碍。总之，在我们向别人施惠时，出发点不应是为了他的财富，而是他的品格。

总之，我们通过个人服务向别人提供帮助时，我们应当遵循的准则是：坚决避开那些与正确对立的案子。唯有坚持公正才能维护我们的荣誉。一旦丢失了公正就再也没有任何值得我们去赞美的东西了。

论为国民服务的几个原则

在上文，我已经将与个人有关的救助性服务讨论完了。接下来，我将要论述与国家和整个国民有关的服务。在这些服务中，有的与整个社会的公民有关，有的则与个人有关。两相比较，与个人有关的服务更容易得到人们的感谢。不过，在可能的情况下，两种服务我们都应该去做。值得注意的是，当我们为个人服务时，一定不要损害国家利益。比如，在向国民施舍谷物这点上，盖乌斯·格拉古①做的就有些过分，他造成了国库的亏空。相反，奥克大维乌斯做的就比较适

① 盖乌斯·格拉古：公元前153～前121年，公元前123和公元前122年任罗马保民官。他提出了一系列改革方案，公元前121年，反对改革的元老贵族杀害了盖乌斯及其追随者3000余众，但盖乌斯提出的法案大多保留了下来。

度。适度的施舍不仅有利于国家而且还满足了民众的需要。这才是两全其美的事。

但作为一个行政人员，他必须有这样一种认识：每个人都应该捍卫属于自己的东西，不应以任何理由甚至以国家的名义来侵犯私有财产。菲力普斯在担任护民官时曾经提出了一项土地改革的方案。在这个方案中，他提出了一个很有危险性的政策。庆幸的是，他的这个政策最终被否决，而且他还为此进行了检讨。

但现在一想到他的那个议案，我就感到可怕。他在为宣传议案而做的演说中这样说："全国拥有财产的人还不足2000人。"他的意思就是，在全国应该进行财产的平均。你能想象得出比这更危险的政策吗？我们建立立宪政府和自治政府的目的，归根结底就是想充分保护私有财产。在"自然"的引导下，我们人类聚合成了一个社会，一个个人财产不受任何侵犯的社会。

政府还应该竭力避免财产税的征收，应该制定一些措施来防止这种事情的发生。在我们的先人所处的时代，由于国家的贫弱和战争的频繁，他们经常征收财产税。到了今日，即使国家有了危机而需要人们承受这种负担的话，那也应该向人们说明这是迫不得已而为之的举措。同时，政府还应该让民众认识到国家要想渡过难关，个人就必须承受这项责任。另外，国事的管理者还应该尽可能多地为人们提供生活必需品。至于具体应采取什么样的方法我想不需要我再做论述了。

此外，在为公众服务而任职的过程中，一定要避免被别人认为有私心的嫌疑。萨摩奈人①盖乌斯·庞蒂乌斯（Gaius Pontius）曾说：

---

① 萨摩奈人：罗马北部的一个部落。历史上罗马人与萨摩奈人发生了多次战争，公元前321年，罗马军队在林木丛生的考地峡谷遭萨摩奈人伏击，损失惨重，被迫投降，成了罗马的国耻。西塞罗去世后，公元1世纪，萨摩奈庞蒂乌斯成了罗马的统治者。

“如果命运把我降生到罗马人贿赂风行的时代就好了，我会让他们不再拥有那么大的权力。”这是一个很美好的愿望，但若是真有这样的机会，他的希望恐怕还是需要等上好几代才能实现。

在我们国家中，最近也出现了这种丑恶的现象。所以，我觉得庞蒂乌斯没有出生在现代是幸运的，毕竟他是一个如此卓越的人。从通过鲁修斯·皮索①的惩治法案至今还不到110年。在这个法案之前，还没有什么这方面的法律。但之后相关的法律就相继而来，而且一个比一个严厉。在这期间有许多人被控告和判刑。甚至因有人怕被惩治还发动了一场令人战栗的战争。

我们的法庭和法律在受到压制时对同盟者的劫掠又是多么使人畏惧。我们现在说自己强大不是表明我们真的强大，而只说明别人比较软弱而已。

* * *

阿菲瑞卡努斯有着很多的美德，帕内提乌斯尤其称赞他为官清廉的美德。实际上，为官清廉不只是阿菲瑞卡努斯一个人的美德，在他那个时代就有着为官清廉的风尚。

比如，保鲁斯收缴马其顿的财产后，全部地上缴给了国库。一个将军的战利品就能抵得上罗马全部的财产税，然而除了那个不朽的荣耀以外，他什么也不能带回家。

阿菲瑞卡努斯以他的父亲为楷模，当他征服迦太基时并没有截取任何的财产。另外，阿菲瑞卡努斯的那个同僚鲁修斯·穆弥乌斯②也

---

① 鲁修斯·皮索（Lucius Piso）：公元前2世纪罗马统查官。

② 鲁修斯·穆弥乌斯（Lucius Mummius）：公元前？～前135年，古罗马执政官。

没有因为攻占了世界上那个最富有的城市而往自己的腰包装过一分钱。他把所有的战利品用来补给意大利，而不是用来粉饰自己的住宅。在我看来，正是因为他把战利品献给了意大利，所以他的住宅才显得更加光彩照人。

论对待私人财产的公平举措

现在还是让我们回归正题。

可以说，再也没有什么比贪婪更让人深恶痛绝的了。特别是那些担任国家要职的人更应该注意这一点。利用国家职务之便谋取私利的行为是最不道德、最可耻的事情。对此，阿波罗在皮托所降的神谕“将来斯巴达的灭亡不是出于其他缘故，而是因为贪婪”。不仅适用于拉栖第梦①人，而且还适用于所有的富裕民族。对于那些从事公职的人来说，没有什么比自制更容易博得民众的好感了。

有些人，或是为了取悦民众，或者使他们的土地改革法得以通过，或者把那些土地的占有者赶走，或者废除原来的债务，总显出一副友好的样子。他们这种做法很明显是在毁坏国家的经济基础。

首先，他们是在破坏现时的和谐。如果一部分人的财产被夺去，分配给另一部分人，那么和谐就不复存在了。

其次，他们践踏公正。如果财产权得不到尊重，那公平就不存在。我也曾说过，国家和城市存在的目的就是保护个人的财产不受侵犯。一旦上面的那些手段被采用，公共福利就会被破坏了，他们也得不到任何的荣誉。

---

① 拉栖第梦（Lacedemon）：古代斯巴达。

财产被剥夺的人必然把那些剥夺者视为仇敌，而那些获得财产的人却表示他们并不想得到这些财产。特别是当把原来的债务废弃以后，那些债务人并不显露出喜悦的表情，他们害怕别人视之为无力还债者。而那些被剥夺了债权的人心中不但充满愤懑，而且有时还会公开表示自己的不满。即使因废弃债务而受益的人多于那些被剥夺债权的人，影响力也很有限。

在这样的事情上，影响力的大小不是取决于人数的多寡而是取决于民众的势力。试想，一个人没有任何财产而突然间因占有他人多年的积蓄或祖传家业而一夜暴富，而本有很多土地的人却在一夜之间丧失了土地的所有权，难道说这就是公平？

*　　　　*　　　　*

斯巴达人就是利用这种不公平的做法，把他们的五长官之一莱山德驱逐出去，而且还处死了他们的国王阿吉斯（Agis）。在此之前，在斯巴达还是从来没有过的事情。也是出于同样的原因，从那时起国内出现了意见分歧，而暴君一个接一个地出现，贵族则被流放。本来一个安宁的国家变得混乱不堪。实际上，并不是只有斯巴达遭此劫难，对待私人财产的不公平处理就像瘟疫一样先是在拉栖第梦产生，随后就逐渐蔓延，最后使希腊的许多国家相继崩溃。我们的格拉古兄弟[①]最后怎么样呢？他们不也是为了推动土地改革而命归黄泉的吗？

相反，西西昂的阿拉图斯（Aratus of Sicyon）则应该受到称赞。他的城市被那些劫掠者侵占50年，他从遥远的阿尔戈斯悄无声息地回到西西昂，在敌人反应之前占领了整个城市。尼科克勒斯（Nico-

---

① 格拉古兄弟：即提比略·格拉古和盖乌斯·格拉古，提贝瑞乌斯·格拉古斯的儿子，阿菲瑞卡努斯的孙子。

cles）被推翻了，而那些曾经富有的600个流放者也被招了回来。他的到来使他的国家重新变成了一个自由之邦。

后来，在财产和财产所有权的问题上他遇到了难题。一方面他认为让那些被剥夺了财产又回来的人继续贫穷是不公平的事，另一方面，他认为打乱50年来已经稳固下来的财产状况也是不公平的。

毕竟，经过这么长的时间，原来的财产已经通过继承、转卖或者陪嫁等方式转到了无辜者的手中。无论是把财产从现有者手中夺走，还是在现在让原来的所有者继续一无所有似乎都是错误的做法。

后来经过思考他明白唯有钱才能帮助他完美地解决问题。为此，他决定到亚历山大里亚。在临走之前他吩咐要维持国家的现状。他拜见了他的朋友——亚历山大里亚建城后的第二任国王托勒密（Ptolemy Ⅱ，Philadelphus）。他对托勒密解释说，他想在他的国家重新建立起宪政自由，但现在他却遇到了难题。

由于阿拉图斯是一个很有名望的人，他没有费多大的周折就从托勒密那借到钱。带着借回来的钱后他回到了自己的国家，并马上召集了50个很有威望的人来商讨如何分配金钱。他们一起把财产现有者的情况以及财产的原有者情况做了对比分析。在估算过那些财产的价值之后，他努力让某些人相信这样一个结论：放弃现有的财产而接受与它等价的现金比较划算；同时他还让另一部分人相信，接受等价的现金比要回原来的财产更值得。最后，双方都得到了满意的结果。

我们国家也需要像阿拉图斯这样的政治家。他采取的方法才是对待自己人的正确方法。反观我们自己一 我已经亲眼目睹两次了一 都是在市场上树立起一根长矛，把属于公民的财产拍卖。这个希腊人，的确十分优秀，他的措施顾及所有人的利益。相反，我们也有个好公民—— 一个聪明而又杰出的政治家——却努力不让公民和睦相处。他说："让他们住进邻居家，用不着付房租。"①

为什么要这样？我自己花钱买的地皮，自己建的房子，又是自费修缮，凭什么让别人未经我的同意就住进我的房子？这难道不是把属于我的东西从我手中抢走吗？如果取消了债务，这就等于从我手中拿走钱买了田地，结果你有了土地，我却没有了钱。岂有此理！

* * *

前面谈了这么多，为的就是要证明这么一个道理：我们必须想办法避免出现那种对公共安全有危险的债务。事实证明，防止这种负债的发生并不不难。如果出现了很严重的负债情况，我们不能把心思动在财富拥有者身上——让财富的拥有者莫名其妙地丧失自己的财产，让负债者无偿地享用邻居家的房子。

一个政府如果想要继续支撑下去，莫过于保持自己的信誉。而不采取法律的手段让那些负债者偿还债务，政府就不可能有自己的信誉。

在我当执政官的时候，人们要求废除债务的呼声最为强烈。

在那个时候，不同的阶层甚至拿起武器要求通过废除债务的提案。在我的努力制止下，这种类似瘟疫的行为最终还是被压制了下去。从那以后，人们所负的债务不再增加，而债务的清偿也更加迅速和彻底。之所以能达到这样立竿见影的效果，是因为法律已经有了明确而强制的规定。如果欠了债务而不偿还，那就必须受到法律的惩罚。

因此，以保护国家利益为己任的人千万不要误入歧途，把财产从

---

① 此言出于恺撒之口。

一个人的手中夺走，然再把它送给另一个人，以使另一个人成为一个富有的人。

我认为正确的做法是，每个人都应该尽自己的所能，通过法律的公正裁决来维护那些财产所有者的权利；同时使穷人免受压迫，使嫉妒不阻挡富人继续保持或获得属于他们的财产。不论是在和平的时期，还是在战争年代，国家管理者都应该想尽一切办法增加国家的实力、拓展国家的疆域、增加国家的经济收入。

当然，从事这样的服务需要有崇高的品质。在我们的祖先中有许多拥有这样的品质的杰出人物。如果有谁履行了类似的责任，那么他不但会得到很高的荣誉，还能为国家民众提供最优质的服务。

最近在雅典去世的哲学家安提帕特认为：在有关利的规则中，帕内提乌斯忽视了两点：关心健康和关心财产。在我看来，这个著名的哲学家之所以忽视如此重要的两点，是因为他认为这两点是不言自明的东西。

尽管如此，我还是就这个问题再说几句。我认为，一个人要想保持身体的健康，应该做到以下几点：认清楚自己的体质；分清楚什么东西对自己有利，而什么有害；在满足自身需要的同时要努力自我克制，竭力避免感官上的享乐；并且向那些对此问题有研究的人请教并学习。

说到财产，我们赚钱也是一种责任，但一定要用正当的手段去获取财富。谨慎经营、勤俭节约、学会积存、扩大资产等都是一种责任。事实上，我在此论述的一切道理在色诺芬的《经济论》中已经有了详细记载了。亲爱的玛尔库斯，我在你这样的年龄就已经把这本书从希腊文译成了拉丁文。

至于赚钱、投资（可能还包括花钱）等问题，已经被在“交易所”的绅士们做了详细的论述。他们比任何一个学术流派的专家都精于此道。尽管这样，我们也不能不谈赚钱和投资，因为这是属于利益范畴的事。利益——也正是本卷中讨论的重点话题。

论权衡“利”的原则

对同时存在的两个利进行权衡和选择，这是我们经常碰到的问题（这是我强调的，又被帕内提乌斯所忽略的第四点）。在权衡中，人们常常拿身体上的利益与身外的利进行比较（或者说拿身外之利与身体上的利做比），此外还拿身体上的各种利比较，也拿身外的各种利比较。有的人宁愿要身体上的健康也不愿要感官上的快乐。

有的人宁愿要荣誉而不要财富。有的宁愿在城市从事各种产业来获取收益而不愿在农村从事耕种来获取收益。

大加图也曾进行这样的比较。有人问他财产最有利的特征是什么，他的回答是：“成功地养牛。”

接着别人又问：“其次是什么？”

他回答道：“比较成功地养牛。”

那人又问：“放高利贷如何？”

加图反问道：“你觉着杀人如何？”

也就是说，对于这类型的比较，我们可以依照下面的方法权衡：我们可以扪心自问两相比较什么更重要。既然对不同的利进行比较是我们经常面对的事情，我们在讨论道德责任的时候增加了第四部分也颇有必要。

这个问题谈完了，后面让我们继续谈论余下的问题。

第三卷 论"义"和"利"的冲突

论独处的境界

玛尔库斯——我亲爱的儿子，我记得和西庇阿的年龄相仿的加图在说到西庇阿时说，西庇阿即使无事可做的时候，他也从不感到无聊。在他一个人独处的时候他也从不觉得孤独。这的确是一种很高的精神境界。这种境界只适用于那些有着伟大品质和智慧的人。它表明即使在空闲的时候加图也在思考着公务，即使在一个人独处的时候，他的内心里也在与自己交谈。无所事事的情况对他来说是从来没有的事情，也不至于因为无聊而寻觅伴侣。空闲和独处，这两种对别人而言非常懒散和难受的事情，对他而言则成了一种自我振奋的方式。

我很希望自己能够像西庇阿那样拥有这两种境界。虽然不能通过模仿实现它，但我心向往之。

现在国内出现了叛乱，我再也不能参加政治活动和法庭的辩护，但也不能因此过那种闲而无聊的生活。所以我不得不离开罗马这座城市，常常是一个人在国内的其他地方到处游走。不过，我的空闲和独处不能与西庇阿相比。西庇阿为国家不辞辛劳地工作，在从事公务之余只想休闲，于是他常常去休假并深居简出。

而我的空闲并不是出于休息的缘故，而是因为我无事可做。现在，元老院和法庭都被取消，在这样的情况下，还有什么地方、什么事情让我做起来又不损我的尊严呢？我过去常常进行的广场演说，如今由于外面到处是胡搅蛮缠的无赖，也只能选择敬而远之——离开公众场合一个人独处。

哲学家告诉我们，在恶劣的环境要学会避其锋芒，并从中吸取任何有利于自我发展的因素。于是我也选择设法充分利用这一闲暇——尽管这种闲暇对于一个曾经使国家摆脱危险而重造安宁的人来说是不合宜的。尽管独处是情势的逼迫而非出于自愿，我仍然不能听任自己懒散下去。

在我看来，像西庇阿这样的人物，应该得到人们的更多的尊敬和赞誉。尽管现在还没有人写一些描述他才华的文字，我们也不知道他在空闲的时候写些什么作品，但我们仍然可以根据他的做人品行加以推断。他常常使自己陷入各种问题的思考，从来没有什么无聊的时候，也从来不会感到孤独。

相比之下，我却没有他那样的修养——用思考的方式来排遣心中的寂寞。我所能做的，充其量也就是用文字来打发闲暇时光。在共和政体被践踏以后，我写了很多的东西，我这一时期的作品比共和国时代的作品还要多。

论学习的重要性

亲爱的玛尔库斯，可以说，哲学的所有领域都是很肥沃的田地，其中任何一块都不会是贫瘠的。有关哲学的知识太多了，其中最丰富的最富有成果的部分就是关于道德责任这部分的内容。从这些道德责任中能衍生出一种贯穿始终的、有道德的生活法则。

玛尔库斯，克拉蒂普阿斯是著名的哲学家，同时他也是我的好朋友，你现在虽然是在他的指导下潜心学习和应用一些著名的格言，但我还是希望你能注意一下来自其他方面对你有帮助的格言，而没有帮助的那些格言尽量不要听。

在我看来，凡是想过一种很荣耀地生活的人，都应该把有意义的人生格言铭记在心，我认为你也应该如此。一直以来，人们对你的期望很大，希望你能够像我一样勤奋，将来能子承父业，也能和我一样，赢得很高的威望。你不应该辜负他们的期望。

你现在生活在雅典，又是在克拉蒂普阿斯的指导下学习，承担的责任就更大了。你在那里学习好像就是去“采购”，但采购的不是什么物品，而是有着自由气质的文化。如果你在那没有学到任何东西，两手空空而归，那真是极不光彩的事。这种后果也会玷污雅典和你恩师的盛名。

因此，你一定要刻苦学习（如果把学习看成像当兵那样苦的话），尽自己的全力学成归来。如果我把所有的学习和生活用品都提供给你而你却没有任何的成绩，到那时就只能说那是你自己一手造成的。

这方面的话，我就不想多说了，在以前写给你的信中，这类鼓励的话已经说的不少。现在，让我们再继续讨论余下的问题。

论道德责任讨论的补遗

道德责任方面的问题，帕内提乌斯已经做了很精辟的论述。他的观点我基本上都赞同，不过某些论点可能需要做些改动。

帕内提乌斯把人们经常论述和考虑的伦理问题分成了三个类别：看所做的事情是有德的还是无德的；看事情是有利的还是无利的；如果“义”和表面上的“利”发生冲突，最终将做何打算。

前两个问题，帕内提乌斯用了三个章节的篇幅进行论述，而对于第三个问题，他曾说到适当的时候再做论述，只是他的这个诺言一直没有兑现。他的学生波塞多尼奥斯[①]曾经在他的记录里说过，帕内提乌斯在发表过那篇含有三个章节的论文以后仍然活了30多年。让我一直不能理解的是波塞多尼奥斯为何对这个自己曾经说过的“整个的哲学领域没有比这个问题更基本和更重要的”的问题置之不理了？他只是在他的记录里轻描淡写了一下而已。

还有一种说法让我无法接受，那就是一些人认为，帕内提乌斯之所以没有谈到“义”与“利”之间的关系，不是因为他忘记了而是故意删去了。这种推论的潜台词就是，他认为这个问题不重要，不值得进行谈论，而且在现实生活中“义”与“利”根本是不会发生冲突的。

此外还有一个让我感到疑惑的问题，即帕内提乌斯所划分的第三个问题是包括在论述范围内的，还是应该被删除？不过，有一点是毋庸置疑的，这个问题的确包含在帕内提乌斯的计划之内，只是还没有进行论述。

为什么这样说？很简单，如果一个作者说他有三个部分的内容要写，那么当他写完两个部分以后必然去论述第三个部分。

还值得注意的是，帕内提乌斯自己也在论述中说过，要在适当的

---

① 波塞多尼奥斯（Poseidonios）：古罗马斯多葛学派哲学家，帕内提乌斯的学生，一元论体系创始人。

时候对第三个问题进行讨论。此外，我们还可以在波塞多尼奥斯的一封信里找到证据。他在信中写到，普布利乌斯·鲁福斯[①]经常说："正如没有人能够把阿佩勒斯[②]未完工的科斯岛的维纳斯的画像补全（她的脸太美了，以至于没有人能把她的身体的其他部分画好），帕内提乌斯在前两部分中的论述实在太精辟了，以至到今天也没有人敢去帮他完成第三部分的论述。"

论斯多葛学派的美德及道德责任观

其实，帕内提乌斯在这个问题上的真实想法是很明了的事情，我们用不着再有什么怀疑。不过，他把第三个问题划分到关于责任的研究中——是否有道理？我想这倒是个让人值得进一步考虑的问题。

在斯多葛学派看来，道德上的"善"是唯一的善；而在亚里士多德学派看来，道德则是最高的善，它的重要性甚至比其他一切品德的重量的总和还要大。而在"义"与"利"之间没有根本的冲突，这是两个学派的共同认识。苏格拉底经常咒骂那些对本质上不能够再分的事物作概念区分的人。斯多葛学派也同意他的看法。他们一致认为，凡是有德的事情必然有其利。而无德之事必然没有利。

正如某些哲学家以快乐或无痛苦作为衡量各种事物是否值得追求的标准，有的人就认为，人们之所以去追求美德是因为它能够为我们

① 普布利乌斯·鲁福斯（Publius Rufus）：古罗马斯多葛学派哲学家，演讲家，帕内提乌斯的学生。

② 阿佩莱斯（Apelles）：纪元前4世纪古希腊名画家，在亚历山大宫廷中作画，西塞罗在这里指的是阿佩莱斯作品《爱神从海中诞生》。

带来利益。如果帕内提乌斯也这样认为的话，那他可能会说，有时利益会与道德上的正直发生冲突的。事实上他说的是，“义”是唯一的善，那些与它产生冲突的都是只有表面上的“利”而已，这些事物的有无对我们的生活都没有多大的影响。据此，他就没有必要再将表面上的“利”与内在的“义”进行比较了。

斯多葛学派认为，最高的善就是过那种顺应“自然”的生活。我想，这无非是要告诉世人，要始终如一地与道德保持一致。在一切与自然相协调的事物中只能选择那些与美德相协调的东西。也正因为如此，有人持这样的看法：提出“义”“利”抵消的做法实际是错误的，不应该以此为标准提供任何实际的建议。

不过，纯粹而合宜的道德上的“善”是智者所特有的属性。它与美德有着不可分的联系。一个人如果没有很高的智慧也就不可能具有崇高的道德上的“善”。缺乏智慧的人只能拥有与道德上的“善”近似的德行，而不是纯粹而合宜的善。

基于这种论据，斯多葛学派即把这三卷中所讨论的道德上的“善”统称为“一般性的责任”。这种责任的适用范围很广，是人们普遍要承担的责任。人们一般是通过自己的善良本性以及提高自己的知识水平来了解这些责任。至于那种被斯多葛学派叫作纯粹而合宜的“义”，又被称为是“满足一切数”的。我看，若非是智者，谁都不可能达到那种绝对责任的境界。

在现实生活中，我们一般人是分不出显示出“一般性的责任”的行为与真正的行为之间的差别，于是人们常常把显示“一般”的行为看作十分完满的行为。

当人们对诗歌、绘画以及其他各种艺术作品进行评判时，我们经常会发现这样的情况：人们常常对那些不值得赞美的东西一致认同。我想，出现这种似是而非的行为乃是因为这些东西本身有着某种为无知者所喜爱的因素，他们没有能力去发现任何特定作品中隐含的缺点。唯有经过内行人的指点，这些人才能明白自己的错误并放弃自己的判断。

论“义”的分类和相应的道德规则

综上所述，斯多葛学派认为履行这些责任——我在这几卷中所谈论的那些责任——只是属于“第二等级”的道德上的“善”，不是我们所说的那种只有智者担负的责任。这种责任实际上是我们全人类共同拥有的责任。那些天生对美德向往的人都会被这种责任所吸引。虽然我们说德奇乌斯父子①或西庇阿兄弟②为“勇敢者”；还称法布瑞修斯为“正义者”，但这并不意味着我们把他们看作勇敢和正义美德的完美典型以及化身。我们只是在他们身上看到了与完满的“义”相类似的东西罢了。

事实上，在他们身上没有一个人完整具有我们希望人们了解的那种智慧。同理，玛尔库斯·加图也被人们称作“智者”，但他不具备那种完美的智慧。甚至还可以说，即使在那些被称作“七贤”的人的身上也寻不到那种完美的智慧。他们只是能经常地、始终如一地履行

① 德奇乌斯父子：父亲是普布利乌斯·德奇乌斯，原罗马执政官，在指挥第一次萨摩奈战争中阵亡，其子也在第二次萨摩奈战争中牺牲。

② 西庇阿兄弟：即指普布利乌斯·西庇阿和格奈乌斯·西庇阿，两人都参加了征服西班牙战争，都死在西班牙。

那些“一般性”的责任，于是在某种程度上便具有了智者的模样。

因此，无论拿真正的德行还是普通的德行与那些与它们相冲突的利做比较，都将是错误的做法。不过，我们这些普通人仍然应该像智者小心遵循完美的“义”一样，谨慎地遵循我们的智力所能理解到的“义”。否则，我们将不能朝着美德的方向前进。

关于那些谨慎地履行自己的责任而赢得美誉的人，我就讲这么多。

另外，那些总是以是否有利于自己为标准来衡量周围一切事情的人，他们把自己的利益看得比道德上的正直还重要。这种人在考虑问题时难免将一己之利与道德进行权衡。好人是不会如此的。所以，我坚信帕内提乌斯说“人们进行权衡时总是犹豫不决”的真正意思是“他们常常就是这样”，而不是他们应该这样。实际上，他不赞成这种在道义之间的权衡。重视表面上的利而轻视“义”，或者将两者对立起来，都是违背道德的行为。

那么我们是否就不能有所疑惑呢？我认为还是可以的。当个人对一个行为本身还没有清楚的认识时，有所疑虑是很正常的事。而且在特殊的情况下经常会出现这样的情景：在一般情况下认为是无德的行为可能实际上是有德的。对此我们可以举例来说明，每个人都会认为把自己的同胞甚至自己亲密的朋友杀死的行为是最不道德和凶残的了。但如果我们把这种行为放到一个特定的情节中，比如有人把一个暴君杀死（尽管这个暴君原来是他的亲密的朋友），我们并不会对他有任何谴责和愤怒的想法。相反，我们会把他的这种行为看作一种最高尚的荣耀。由此，我们是否可以说利高过了道德上的正直呢？不，事情不是这样，我们所看到的是利与道德上的正直处在了同一个位置而同时实现了两者。

所以，我们应该对此制定一些一般性的规则。我希望这些规则的制定，有助于我们在遇到“利”和“义”发生冲突时做出正确的选择。如果我们面临各种行为以及选择时能遵循这些规则，也就不会背离那些责任。还应该注意的是，这些规则必须与斯多葛学派的理论体系相一致。在这几卷中，我一直遵循着他们的教诲。

老学园派和亚里士多德学派都认为“义”重于表面上的“利”。但仔细讨论过程中，人们对这同一个问题还有不同的看法。有的人认为凡是有德之事必然有利，而有利之事也必然是德行。而还有一些人则认为有德之事不一定有利，有利之事不一定有德。可以说，前一种看法比后一种看法更有一定的思考价值。既然学园派里允许存在不同的观点，我想我有权去维护任何一种我认为是有道理的看法。

现在还是让我们回到我们所谈论的道德规则这个话题。

论贯彻“义”的基本原则

如果一个人的“利”是建立在掠夺他人之物或依靠他人之失的基础上，那么这比死亡、贫困以及人身和财产等其他方面的不幸更违背“自然”。这种不道义的行为对社会生活以及人与人的伙伴关系而言都是致命的。如果我们每个人都为了获取利益而去欺诈他人，那么维系我们人类的那些纽带（这些纽带是最符合自然规律的）将会被破坏殆尽。

为了更好地说明，让我们做个比喻。如果我们身上的每个器官都能够思想，它们都想着如何从别的器官上摄取营养以使自己强壮起来，那么要不了多久我们的躯体将会衰竭。同理，如果我们每个人都想着从别人那里掠取财物，将别人的东西看作自己的东西，那么，维系我们人类的社会关系必然垮掉。

“自然”并不禁止每个人为自己而不是为别人谋取财物，只是“自然”绝对不允许我们用掠夺的方法来增加自己的财产。

这一规则的制定不光是依据“自然”的规律，也是依据特定的社会情况制定出来的。作为个体的国家应该按照这个规则来维护公众利益。所有的国家都这样规定，禁止任何人为了一己私利损害他人的利益。这一规定既表现了法律对公众利益的关注，也表明了法律应有的宗旨。维系公民之间的纽带的破坏者应该受到处死、流放以及罚款等法律惩罚。

在执行规则的过程中，我们能够依从“自然”中的“理性”（这种“理性”是人和人的法律）来确保规则的有效实施。如果哪个人能够依从“自然”的要求，那么他就不会去掠夺或觊觎别人的财产。那种崇高而又伟大的精神、谦虚、公正和慷慨等美德，远比个人的享乐、财富以及生命重要。不过，如果要求我们每个人都做到将公众利益摆在自我的享乐、财富以及生命之前，这可不是很容易的事情。做到这一点需要很大的勇气和魄力。

因此，以赫尔克勒斯为榜样，为了救助世人而历尽千辛万苦，我们如果能以此为目标，那这样的人生将远比过隐居的生活（过这样的生活不仅无忧无虑，而且悠闲自得，在身体的健康状况方面也优于一般的人）更符合“自然”。也正因为如此，人们无限感激赫尔克勒斯，将之奉为神祇。

由此我们也可以得出这样一个结论，一个人越是拥有美好的品德，他就越想过一种奉献的生活，也就越鄙夷那种享受的生活。此外，一个人如果依从了“自然”，那他就不可能做出有损于同胞的事情。

那么为何一个人会做损人利己的事情呢？它一般出于两种情形：他可能认为他的行为并不违背“自然”；抑或他认为他的行为比起将要面对死亡、贫困以及众叛亲离亲人之类的境遇，后者更应该尽量避免。如果一个人认为伤害自己的同胞并不是违背“自然”的行为，那这种没有人性的家伙真是不可理喻。但会如此做的人的心态是，他认为伤害同胞的行为是应该避免的，但死亡、贫困以及自己众叛亲离则更是痛苦的事情。不过这本质上是错误的，因为他已经把自己的身体或财产的得失看作比灵魂惨遭不幸更可怕的事。

论在不同情况下个人利益与国家利益的统一

每个人都应该有这样一个目标：把个人利益与国家的整体利益结合在一起。为了一己私利将本属于公众的财物据为己有，这样的行为必将毁坏人与人之间的伙伴关系。

进一步说，如果“自然”希望我们想办法通过自己的行为去增加他人的利益（不论他是谁，只因为他也是一个人），那么根据这同一个“自然”，我们可以得出这样的推论：在本质上所有的人的利益都是一致的。如果推论是真实的，这就意味着我们所有的人都将受这同一个“自然”的支配；如果这一推论是真实的话，也就意味着“自然”绝对不允许我们去做任何伤害他人的事情。有些人总有荒谬的想法：他们不去伤害自己的亲朋好友，对其他的人则可以抱着另一种态度。他们实际在主张这样的想法，否认人与人之间存在着纽带关系、义务以及共同利益。这样的一种看法必然会毁坏整个社会的建构。

还有些人这样认为，自己同胞的权利应该得到尊重，至于国外的人就另当别论。有这种想法的人则是在破坏我们人类普遍存在的友善。如果这种感情遭到破坏，那么所谓的仁慈、慷慨、善良以及公正等美好的品德都将灭亡。那些想破坏人们之间的友善情感的人必将被视为反叛神祇的人，因这种友善之情是神祇为我们人类建立的伙伴关系。维系这种伙伴关系的最根本纽带是这样一种信念：为了一己利益而掠夺他人财物的行为，比忍受一切可能的、财产或身体……甚至灵魂等的损失都属于违背“自然”的事。后者的损失与公正无关，而前者直接联系着公正的美德，而公正是一切美德中的最崇高者。

但也许有人会问：“假如一个智者快要被饿死，此时他难道不可以从某个对社会无用的人手中夺走面包吗?”（当然不可以。在我看来，那种阻止我做损人利己行为的美德远比我自己的生命更重要。）或者有人会这样问，假如一个正直的人扒去一位残暴的君主法拉瑞斯的衣服，他难道不能为了使自己不被冻死而这样做吗?

对上面所列举的情况，其实我们可以很容易地得出判断。因为，一个人为了自己的利益而去掠夺别人的财物，即使被掠夺者是个废物，这也是卑劣的做法——它违背了“自然”。但如果这个人存活下来对国家或公众将会有很大的利益，而他为了国家的利益而去掠夺，这就不应该受到人们的指责。一旦事情根本不是这样，那么他也只能承受自己的不幸，而不能因为自己的不幸掠夺他人。也正是在这个意义上，尽管我们不能比较强占别人的财物与疾病、贫困或其他的个人不幸哪个更违背“自然”，我们仍要说漠视公众利益的行为也是违背

“自然”的，它有悖于公正的美德。

按照“自然”的规律，为了维护人类的利益，一个智慧、勇敢的人在紧急时可以为了公众的利益剥夺那些无赖的财产并转到自己的手中。毕竟，损失一个好人，公众的利益必将受到极大的损害。不过在这个过程中，财产所有权的转移应该小心，好人必须保持住自己的道德节操，不可趁此做坏事。如果一个好人能够按照“自然”的规律来指导自己的行为，那么他就能正确无误地履行自己的责任并使人类社会的利益得以增加。

至于拔法拉瑞斯的衣服那种情况，我们很容易做出决断。专制者与我们的关系不是什么伙伴关系，而是不共戴天的敌人关系。从敌人的手中抢东西是不违背“自然”的，甚至可以说，杀死他也是正当的行为。我们也应该像将身体上那些已没了血色的器官（它已经坏死）切除掉一样把所有那些有损人类的、丑恶的家伙从社会中清除掉。正如如果不把那些器官切除掉，它必将影响身体其他器官的健康，如果我们不将社会的害群之马除去，社会的整体利益也必然受损。

我们上面讨论的所有问题都在说明一个道理：道德责任是因情而变的，我们必须明确在不同的情况下它具体是什么。

论“义”“利”冲突问题的初衷

我相信，如果不是因为一些偶然的事情使帕内提乌斯中断了这个问题的研究计划，那他一定会把它论述到底。另外，在他早期作品中，我们已经能够看到一些关于此问题的论述。从中我们可以得知，什么是不道德的，应该避免；什么又是不违背道德的，没必要去避免。

现在我们所做的可以这样说，正在给我们的“建筑物”垒拱石。虽然这个“建筑物”还没有竣工，但它也已经快结束了。为了证明的自己的命题，数学家往往假设一些定理是正确的。

同样，为了说明我所阐述的问题，玛尔库斯，也请你和我一起假设（如果你也能够做到的话）：除了“义”以外，再也没有什么值得为其本身而追求了。如果你的恩师克拉蒂普阿斯①不允许你做这样的一个假设，那么我请你起码也要同意这样一种观点：“义”是最值得追求的东西。

以上这两种说法都是我所想要表达的意思。有的时候我觉得前一种说法比较真实，有时则觉得是后者比较真实。但无论怎样，再也不会有第三种让人信赖的说法了。

在这个问题上，首先我有必要为帕内提乌斯辩护。其实他没有说过真正的“利”与“义”在某些情况下会发生冲突（说实在，从他嘴里不可能说出这种话），他只是说表面上的“利”会与“义”发生冲突。他经常证明这样一种情况：真正有利之事同时也是“义”的，“义”的同时也兼备“利”。他还说，那些把这两个概念割裂开的观点对人类的生活是最危险的。因此，他所说的“利”“义”冲突只是表面上的冲突而非真正意义上的冲突。他论述到冲突的问题，并不是引导我们去重“利”轻“义”，而是想告诉我们，当两者发生冲突时，应该迅速做出决断。

---

① 玛尔库斯的老师克拉蒂普阿斯（Cratippus）的观点是：世界上既有道德上的“善”，同时又有自然的“善”，所以，人的健康、名誉等东西也值得追求。尽管它的等级低于道德上的“善”。

于是，我决心把帕内提乌斯所忽略的部分补上，不过我的这项工作却没有多少前人材料可依据。尽管在帕内提乌斯之后也有很多人对这一问题做过论述，但他们的材料都不是很让我满意，因此我也只能孤军奋战起来。

论“义”“利”冲突时的道德抉择

当遇到某种表面上的“利”时，我们肯定会有所心动。当经过认真地思考后，你也许会发现这种表面之“利”与某种不道德的行为有关联，尽管有些时候人们不一定去牺牲自己的利益，但我们还是应该认识到凡是不道德的事情都不可能是有利的。如果最不道德的事情是违背“自然”的，那么最有利的应该是最符合“自然”的。也就是说，在同一个事物中“利”和不道德是不可能共存的。

如果追求道德上的正直是我们与生俱来的天性，而且像芝诺那样认同，道德上的正直是唯一值得追求的东西，或者像亚里士多德那样把这种追求看作比其他一切事物都重要的事情，那么，我们最终必然会得出这样的结论：“义”要么是唯一的善，要么就是最高的善。既然善的东西都是有利的，那么“义”的东西也必然是“利”的。

因此，那些不太正直的人所犯的错误是，一心谋取表面上的“利”并认为它与道义没有任何关联。杀害人的匕首、毒酒、伪造的遗嘱等，正源于这种错误；而这些错误的行为则表现为盗窃、贪污、劫掠公民的财产等。这种错误还能诱导人们可以唯利是图地去攫取巨额财富、专属的权力，甚至使人走向独裁的统治。如果一个人有了这种欲望，他就会令人厌恶和恐惧。这些被表面上的“利”迷惑的人眼中只看到攫取到的物质，却没看到惩罚——不是那种法律上的惩罚，而是所有惩罚中最严厉的惩罚——自身道德的堕落和沦丧。

因此那些处在两难中犹豫不决的人必须被清除（他们这个群体是邪恶的）。他们总是在这样考虑：做那些自己认为合乎道义的事，还是去做那些自认为罪恶的事呢？退一步讲，他们即使没有把这些邪恶的行为付诸实践，单凭他们这样的想法也是不可饶恕的。这种想法本身，这种犹豫不决的判断本身，就是一种罪恶。

另外，在思考问题时，我们必须消除那些无望的奢求，也不要认为自己的行为可以被隐藏。只要我们学过一点哲学就会明白：我们不应当去做任何具有贪婪、不公正甚至淫荡和放纵性质的事情——即使我们能够逃过神祇和凡人的眼睛。

为了表述清楚这一真理，柏拉图引述了我们都知晓的古革斯[①]的故事。在一次暴雨过后，地面突然产生了一个裂缝，古革斯掉进里面。他在裂缝里看到了一匹铜马，铜马的肋部开有一个门。打开门以后，古革斯发现里面躺这一个巨人的尸体，而巨人的手指上戴着一枚金戒。于是，他把它取下并戴到自己的手上。后来去参加一个侍卫的聚会时，他发现如果他把金戒的宝石转到手掌的一面，别人将看不到他，而他能看到别人；如果把金戒的宝石转向它原来的位置，别人又看到了他。于是，他利用这个金戒的隐身之术来诱引王后，并最终使她堕落。古革斯又利用王后杀死了国王，在此期间除去了妨碍他的人。就这样，他凭借着那个魔戒的神力很快就当上了吕狄亚的国王，而他的罪恶行为无人知晓。

---

① 古革斯（Gyges）：见柏拉图《蒂迈欧篇》。

那么，如果是一位智者捡到了这枚金戒又会是什么样的情况呢？他不会去想有了这个戒指他可以无所顾虑地去做坏事，他所祈求的是“义”而不是邪恶的阴谋。

然而有些哲学家却说，柏拉图所讲述的这个故事是他杜撰的。他们如此地论断好像真要把故事的真假探个究竟。

其实，这根本不重要。柏拉图的真实意图是想通过这个故事来让大家想明白一个问题：假如你为了财富、权位以及肉体上的欲望而做了许多罪恶的事，而这些事又没有人知晓，连神祇也一无所知。那么你会像古革斯那样做吗？这些哲学家却说，这个假设本身只是假设，现实中是不可能的事，当然我也承认这是不可能的。但如果真有其事的话，那人们将会怎样做呢？

这些哲学家总是坚持说，这是不可能的，他们一味地回避我所说的“假如”。我的追问好像把他们逼到了刑架上。如果他们说，要是不受惩罚他们将做任何对他们有利的事情，这样的回答将表明他们有犯罪的倾向；如果他们说他们不会这样做，这将表明他们会避免做一些本质上很邪恶的东西。这本质上是一种抉择和判断。

现在让我们回到我们的话题。

论友谊中的“义”“利”选择

在现实生活中，我们常常会遇到因表面之“利”而感到困惑的情况。这种困惑并不是来源于是否需要为了某个相当大的利益而抛弃道德上的正直（这当然是错误的），而是来源于能不能在不损害道义的情况下获得表面上的“利”。

布卢图斯曾经罢免他的同僚克拉提努斯[1]的执政官一职。在有些人看来，他的这一举措可能是不公正的，布卢图斯和他是合作的伙伴，而且在清除王室的过程中，克拉提努斯曾在言行上给予了他很大的帮助。但国家的领导者已经决定把“蛮横的塔奎尼乌斯”的所有亲属逐出罗马，并取消“塔奎尼乌斯”的姓氏，扫除一切让人想起君主政体的东西。

从这一点上看，布卢图斯的行为是有利于国家的，而且是很正当的，甚至连克拉提努斯本人也应当认为这是公正的。由此我们可知，“利”之所以能获得胜利，原因就在它符合了道德上的公正。如果没有道德上的正直，它就不可能有利。

再举个与其相反的例子。即创建罗马城的那个国王瑞穆路斯[2]。为了那种表面上的利——独享王权比与人同享王权更有利，他就不顾人类的情感和手足之情恶毒地把自己的兄弟瑞穆斯杀死[3]。他还对自己的行为进行辩解，说他之所以这样做是因为瑞穆路斯穿越了他新建的城墙，并且在大众场合羞辱了他。在表面上看，他似乎是在为道德上的正直（实际上这只是表面上的东西）辩解，但这根本是没有道理的，即使有道理也是很勉强的。因此，尽管人们对他怀有很大的敬意，我仍然认为他的所作所为是有罪的。

虽然这么说，但这并不意味着在任何时候我们都应该牺牲自己的利益，把自己的东西让给别人。只要我们的行为不损害别人，我们都

---

① 克拉提努斯（Collatinus）：古罗马烈女露克莱蒂娅的丈夫，曾谋划谋杀布卢图斯，布卢图斯将其党羽全部逐出罗马。

② 瑞穆路斯（Remulus）：传说中的古罗马开山祖师。

③ 伊利亚与玛尔斯发生桃色事件后，生下了孪生兄弟，瑞穆路斯为兄，瑞穆斯为弟。

有正当的理由来维护自己的利益。在这一点上，克利希波斯[①]曾经做了一个很形象的比喻。他说，在竞走比赛中，我们都应该尽自己的最大努力来争取自己应得的胜利，但不能为了达到自己的目的用脚或者用手去阻挡或拉扯别人。同样，在人生的道路上，我们也应当遵守这一规则：我们可以为了自己的利益在公平公正的情况下去努力争取，但绝没有权利去劫掠别人的一切。

但是，人们在友谊上的责任观念却比较混乱。如果你能够帮朋友而未伸出援手，或者为了朋友的请求而去做了不应当做的事，这些都是没有履行责任的表现。当遇到这样的情况时，我们可以用下面的这一简单的规则来指导我们的行动。无论如何也不能为了表面上的利（比如，官位、财富、感官上的享乐等）而懈怠应尽的朋友义务。

在我看来，一个正直的人是不会为了朋友去做那些损害国家利益或违背自己的誓言和名誉的事情的。哪怕他是一个审判官，当他审判自己的朋友时也绝不会这样做。在这种情况下，他所能做的最多是希望朋友有比较多的正当理由为自己辩解，或者在法律允许的范围内，为朋友安排一个合适的时间开庭审理。但必须强调的是，当坐在审判席上进行宣判时，他必须记住他是在神的见证下行动。而这个神，按照我的理解就是他自己的良心。这是神赐予我们人类的最神圣的东西。

根据这种观点，陪审员就必须遵循这样一个原则："要做与他神圣的荣誉相一致的事情"，这也是从我们祖先那继承下来的一个好的传统。这里所强调的原则与我们刚才在前面所说的对朋友的让步也是

---

① 克利希波斯（Chrysippus）：公元前280～前206年，古希腊斯多葛派哲学家。

一致的。不过，如果我们对朋友的任何要求都不加选择地答应，那这种关系已不是友谊而是同谋了。在这里我所讨论的是关于普通友谊的问题，在那些有着完满智慧的智者之间是不会发生这样的事情的。

我听说在毕达哥拉斯学派的达蒙（Damon）和芬蒂阿斯（Phintias）之间的友谊，就是我们所说的那种完满而智慧的理想友谊的楷模。他们中的一个被僭主狄奥尼修斯判为死刑，而行刑的日期也被确定了下来。被判死刑的人要求给予几天的宽限，目的是回家交代身后之事。为了担保死囚在规定的日期返回，另一个人愿意做人质，如果死囚没有在规定的日期返回，那么人质将替死囚受刑。后来死囚在规定的日期返回。他们这一相互信任的举动感动了僭主狄奥尼修斯，于是他特赦了死囚的罪，并请求他们也把他当作朋友。

归根结底，在权衡存在于友谊中的表面上的“利”和“义”孰轻孰重时，我们应当抛弃那些表面上的利而重视道德上的正直。如果朋友提出了不正当的请求，我们也应当把自己的良心和对“义”的推崇摆在向朋友尽义务的责任之上。唯有如此，当遇到类似的责任冲突时，我们才能够做出正确的选择。这些就是我们在这里要探讨的问题。

论国事上的“义”“利”冲突选择

在处理国际关系时，也常常出现表面上的利的问题。人们常常会为了表面上的利而做出邪恶的事情，比如，我们国家摧毁克斯林。雅典人还做过更残忍的事情，他们曾经规定必须把艾吉那人的拇指剁掉。他们这样做似乎是很有利的，因为他们认为艾吉那[①]离皮雷埃夫

① 艾吉那：古希腊的一个岛屿。

斯[①]很近，这对雅典是一个很大的威胁。但任何的残暴都不会带来利，残暴是最违背人类人性的愚蠢行为，而我们必须遵从人性。

此外，还有些人不愿意让外国人享受城市的各种优越条件，他们甚至把外国人驱逐出他们的国家，例如我们上一辈的时候潘努斯[②]和前不久的帕皮利乌斯[③]就是这样做的。实际上，这样的做法是极其错误的。不过，那些不是公民的人当然不能享有只有公民才能享有的各种权利。这方面的问题已经由执政官克拉苏斯和斯卡沃拉这两位智慧的人做了法律上的规定。但那种不允许外国人享受城市的各种优越条件是违反人性的做法。

在历史上当然也有注重道德上的正直而鄙弃国家的表面上的利的例子，在我们国家也有许多这方面的事例。比如，在第二次布尼战争时期，当人们听到坎尼战役失败的消息时，罗马所表现出来的精神面貌比我们原来胜利时还要好。当时没有一个人提出妥协求和，也没有人表现出怯懦和颓丧。在此时，我们看到了道义力量的强大，而表面上的利与它比起来则黯然失色。

再举个例子。波斯人曾经大举进攻希腊时，一开始波斯的来势凶猛使希腊很难招架。在这种情况下，人们决定放弃城市。他们把妇女和儿童安置到特罗曾[④]，剩下的人全部上了战船，为了希腊的自由，他们想在海上与波斯人决一死战。

当时，有个人建议人们留在家里并打开城门让西耶希斯[⑤]进来。

---

① 皮雷埃夫斯：古希腊的一个港口城市。

② 潘努斯（Pennus）：古罗马公元前167年的执政官。

③ 帕皮利乌斯（Papilus）：古罗马公元前82年的执政官。

④ 特罗曾（Troezen）：古希腊的一个港口。

⑤ 西耶希斯（Xerxes）：公元前519～前465年，古代波斯国王。

人们被他的这一耻辱的建议而激怒，最终他被人用石头砸死。这个人之所以提出这样的建议，是因为他觉得这样做是有利的，但事实上他的这一想法完全违背了道德上的正直。

希腊与波斯的那场战争以希腊的全面胜利而告终后，蒂米斯托克里[①]在雅典的公民大会上说他有一个事关国家的计划，但不便在大会上宣布。于是，他要求人们推选出一位代表与他商谈。后来，人们把阿瑞斯提德斯[②]选出来。蒂米斯托克里告知他，斯巴达的舰队就停靠在吉塞恩港，如果在暗中火烧他们的舰船，就能将他们彻底消灭。听完以后，阿瑞斯提德斯就回到了公民大会。当人们怀着急切的心情问他是什么计划时，他对大家说，蒂米斯托克里的计划虽然对国家有利，但它却是不义的。

在雅典人看来，凡是不义的事情，必然也是无利的。于是，当人们甚至还不知道具体的计划是什么时，他们就否定了它。在这一点上，他们比我们表现得要好。我们不向海盗征税，却向盟友要求进贡。

论隐瞒真相牟利的道德判断

让我们把下面的这个判断看作一项既定的原则：如果一个行为是不义的，那它绝不是有利的。更进一步说，当你认为用不义的行为得到了利时，那它也不是真的有利。实际上，我们的大脑里只要存有这

---

① 蒂米斯托克里（Themistocles）：古希腊将军，因治军有方，被誉为常胜将军。

② 阿瑞斯提德斯（Aristids）：约公元前2世纪，古希腊政治家，哲学家。

种想法——有些行为虽然不义但它却是有利时，我们的道德就可能会败坏。而在前面我们已经说过，常有这样的情况出现，利似乎与道德上的正直相冲突。所以，一遇到这样的情况我们就应当考察一下这种冲突是不可避免的，还是可以调和的。

下面就是一个例子。

假如罗得岛[①]遇到了灾荒，而粮食的价格则迅速上涨。这个时候，一个诚实的商人从亚历山大城运来了一批粮食。在他运粮的过程中他也看到了有许多其他的商人把粮食运往罗得岛。那么在这个时候，他是把这个事实告诉给罗得岛的人呢，还是不告诉他们呢？毕竟如果不告诉他们，他的粮食就可以卖个好价钱。如果我们假定他是个有道德而又正直的人，如果他认为隐瞒有许多人都向罗得岛运粮这个事实是不道德的话，那他肯定不会隐瞒。但如果他对隐瞒这一行为是否不道德不能确定，他会有什么样的思考呢？

对于这个问题，巴比伦尼亚[②]的斯多葛学派哲学家第欧根尼（Diogenes of Babylonia）始终坚持自己的观点。而他的弟子安提帕特（Antipater）则坚持另一种观点。后者的看法是：所有的事实都应当公开，卖方有义务把自己知道的所有情况告诉给买方。而前者的观点则是：卖方应当按照所在地的习俗来说明自己商品的缺点，但由于他是做生意的，只要不弄虚作假，他当然可以尽可能地卖一个很好的价钱。

---

① 罗得岛（Rhodes）：爱琴海东南端的一座岛屿。

② 巴比伦尼亚：位于美索不达米亚平原，公元前18世纪，这里出现了古巴比伦王国，因地处幼发拉底河和底格里斯河中间，河北部以古亚述城为中心，称亚述；南部以巴比伦城为中心，称为巴比伦尼亚，那里所有居民都被称为巴比伦人。

按照第欧根尼的观点，那个商人可以说："我运来了粮食并要出售。我的价格并不比别人贵。如果市场上的粮食过多时，我可能还会卖比其他人更低的价。这样一来，我欺骗谁了？"

安提帕特的观点则不同。他说："这样做有什么意义呢？你应当考虑同胞的利益，也应当为社会服务。人一来到这个世界就应该遵循这个原则。你和社会的利益是相通的。当你想到这些时，你还会把有大量粮食马上运来这一事实继续隐瞒下去吗？"

第欧根尼可能会说："隐瞒和沉默是两码事。如果不把神和至善的本质告诉你，我也不是在隐瞒你。对你来说，了解到这些本质的东西比知道粮食要降价这一事实更有好处，但是我没有义务把所有的一切对你有利的事都告诉给你。"

安提帕特会说："你说的也对，但你也必须承认，只要你还记得在我们人类之间还存在着由自然所引发的那种伙伴关系的纽带，那你就有义务把事实告诉给别人。"

第欧根尼回答说："我没有忘记那种关系。但是如果你所指的那种关系是社会上不存在私有财产的关系的话，那我们就不应当去卖东西。我们应该把自己的东西摆放在那，并等着别人随便地拿走。"

在这场争论中，我们可以看到，他们两个都没有说"尽管这种行为或那种行为是不道德的，但它是有利的，所以我还是要这样做"。不过，双方都选择坚持自己的观点。一方认为，某种行为不仅有利而且也没有什么不道德的；另一方则认为，这种行为是不道德的，所以我们不应该去做。

让我们再举个例子。假定一个诚实的人要卖一所房子，而这所房子的缺点他都比较清楚，但别人却一无所知。假定这个房子是很不卫生，但它却能给人很干净的假象；假定人们不知道这个房子的卧室有许多跳蚤；最后，我们假定这所房子是用坏的木料建的，它可能会因此而倒塌，最重要的是这些情况除了主人知道以外，其他人都无从知晓。如果卖房者没有把这些情况告诉给买房人，卖房人可能会因此有一个好的卖价（也就是有一个高于实际价值的价格）。那么我要问的是，这样做是公正的吗？

安提帕特说："是的，他这样做是不正当的。因为，他让买主糊里糊涂地买这所房子，蒙受了损失。这无疑是不给'迷路的人指路'，我们甚至还可以说这比不指路更坏，他是故意把别人往深坑里推。"

第欧根尼反驳道："在买卖的过程中，他连劝你买都没有做，难道你还能说他强迫你吗？一方贴告示说要卖房子，另一方要买房子。如果一个人把一所很难看的或者建造不精良的房子说成是漂亮的别墅，我们对此都不认为是欺骗，难道我们会把这种对房子没有任何褒贬描述的行为说成是欺骗吗？如果买方有独立的判断力的话，卖方是不可能行骗的。另外，一个人有必要为他所说的每一句话都负责，那么在这种任何话都没说的情况下，他有什么错误？试想，如果一个卖主把自己卖品的缺点枝枝节节地都告诉买主，还有什么比这更愚蠢的？如果一个卖主在卖房子时大声地喊'有谁买一所很不卫生又有跳蚤的房子'，这岂不是天大的笑话？"

我举这些例子的目的不是为了提问题，而是为了解决问题。我认为，卖粮食的商人不应当隐瞒事实，而卖房人也不应当隐瞒房子的缺点。虽然一个人不说话不能说他是隐瞒，但是他为了自己的利益而故意不把事情的实际情况告诉给别人，换句话说，就是不让别人知道对他自己有利而对对方不利的事，那这实际上就是隐瞒。对于这样的行为，想必每个人都会这样认为，也都知道什么样的人才会做这样的事。不管怎么说，隐瞒这类事情的人肯定是个不公正、不诚实、不坦率、不善良的家伙，是一个卑鄙、奸诈、阴险的大骗子。一个人如果被冠以这样的称呼，那他还有什么利可言？

论买卖交易中的诚信

如果说隐瞒真相的人应该受到谴责，那么，我们如何对待那些真正说假话的人呢？

盖乌斯·卡尼乌斯（Gaius Canius）是一个罗马骑士。他是一个很聪明的人，并且有着很高的文学修养。有一次，他去叙拉古①，按他的说法他是去度假而不是去做其他的事情。在叙拉古，他对别人讲，他很想在乡下买一所小别墅。这样一来，他不但可以躲避那些令人厌烦的人的打搅，过清闲的生活，而且还可以随自己的意愿来招待朋友。很快，他的这一愿望被一个叫皮提乌斯（Pythius）的银行老板听到。于是他就告诉卡尼乌斯，他手里就有一个庄园，不过他没有把它卖掉的意思，但如果卡尼乌斯喜欢的话，可以随时到那里住。他还邀请卡尼乌斯第二天到他的庄园去做客，卡尼乌斯接受了他的邀请。当这些事情都定下后，皮提乌斯便找来很多的渔夫要他们在第二天到他庄园前面的河里去捕鱼，安排了到时候具体该怎么做。到了第二天，卡尼乌斯如约而至。在豪华的酒宴上，卡尼乌斯看到前面的河上有一排渔船，而每个渔夫都拿着鱼上岸并把鱼放在皮提乌斯脚下。

---

① 叙拉古：古希腊时期位于地中海西西里岛的一座城市。

看到这些情况，卡尼乌斯就问皮提乌斯这是怎么回事。

皮提乌斯回答说："这没有什么奇怪的。叙拉古市场上所有的鱼都是从这条河里捕捞的。这里还是淡水的发源地。如果没有这个庄园，这些渔夫就存活不下去了。"

听了皮提乌斯这么一说，卡尼乌斯马上有了想买这个庄园的愿望。他请求皮提乌斯把这个庄园卖给他。在一开始皮提乌斯佯做不行，但经过一阵虚伪的言说，他还是答应了。卡尼乌斯很有钱，又加上他很想买到这个庄园，所以他就按照皮提乌斯的价格付了钱，此外，还买了庄园里的所有家具和物品。待皮提乌斯把钱登记到他的账簿上以后，财产转移的手续便办理完毕。

卡尼乌斯在他买过庄园的第二天，便邀请了几个朋友来做客。他自己就早早地来了，可是，他看到河面上一条船的影子也没有。于是，他就去问邻居到底是什么原因。他的邻居回答说："今天并不是渔夫的假日，而且这里平时也根本没有人来捕鱼。不知道是什么原因，昨天突然来了那么多的渔船。"

卡尼乌斯这才知道自己上了皮提乌斯的当。他十分气恼，但他又能怎样呢？在那时，我的朋友盖乌斯·阿奎利乌斯（约公元前1世纪时的古罗马大法官）在法律上还没有对"欺诈"这个词做明确的规定。有人问阿奎利乌斯欺诈怎么解释时，他说："说是一回事，但做又是另一回事。"可以说，他的这个定义说得十分地贴切。据此，我们可以说，皮提乌斯和那些所有言行不一的人都是不讲信用、不诚实的无赖和骗子。这些人无恶不作，他们的行为也当然没有什么利可言。

*　　　　*　　　　*

如果阿奎利乌斯的定义是正确的，那么在我们生活的各个领域都应该摒弃弄虚作假和隐瞒的行为。对于那些诚实的人来说，无论他们做什么都不会弄虚作假和隐瞒。

实际上，在阿奎利乌斯之前就已经存在有关“欺诈”的规定，例如在《十二表法》中就有关于托管方面的规定。而在普莱托利安的法律中就有关于欺骗未成年人的规定。另外，我们依据衡平法的原则也可以对欺诈进行惩罚。衡平法中有这样一条原则：判决应当是“按诚信所要求的”。

此外，我们还可以在衡平法的诉讼中看到这样的字句：在分割夫妻的财产时，应当“越公平越好”；在要求索回抵押物时，应当“像诚实的人那样，彼此以诚相待”。如果我们能够按照“越公平越好”的原则行事，那么在我们的行为中还会有欺诈存在吗？如果我们也能够“像诚实的人那样，彼此以诚相待”，那么我们的生活中就不会出现欺诈的现象。

总之，我们在交易的过程中必须杜绝弄虚作假。卖方不应当雇佣一些假扮成买者的人来哄抬价格，买方也不应当利用伪装的买者来压低价格。无论是买者还是卖者在谈论价格时都必须公平诚实、一视同仁。

有一次，昆图斯·斯卡沃拉去买庄园，当他听到卖主所要的价格后，他认为该价格比庄园的实际价格要低，于是，他把卖主少要的那部分钱也付了过去。他最后花的钱比卖主的要价还多了十万塞斯特斯[1]。没有人说他的这一行为不是诚实的举动，但却有人说他这是不精明不世故的做法，就好像他就是卖主，唯恐赚的钱少似的。这种想法是多么的邪恶呀！他们认为，在这个世界上有些人是正直的，有些人是精明的。于是恩尼乌斯说了以下的话："智者若不能维护自己的利益，他的智慧是徒劳无用的。"

罗得岛的贺卡同（Hecaton，帕内提乌斯的弟子）在他献给昆图斯·图贝罗[2]的《论道德责任》一书中说："一个聪明的人，如果是在不违背民俗、法律等前提下，他有权关心他自己的利益。不过这种利益应该有助于我们的发达和兴旺。我们所追求的富有，并不是只为了自己，同时还是为了自己的亲朋好友，特别是为了国家。因为个人的财富就是国家的财富。"在我看来，贺卡同是一定不赞同斯卡沃拉的行为的。按照他的思想，他只是不会为了自己的利益去做法律禁止的事情，斯卡沃拉的行为自然也就不值得赞扬，也不值得感谢。

即便如此，如果我们把那些弄虚作假和隐瞒的做法看成是欺诈，那么在我们的生活中不带有欺诈性的交易则将屈指可数。也可以这样说，如果只把那些尽可能多地向别人提供帮助并不伤害任何一个人的人叫作好人，那么在现实中恐怕很难再找到这样的好人了。

总之，作恶不可能是有利的，因为恶永远是不道德的；做善事总是有利的，因为善永远是道德的。

*　　　　*　　　　*

在我们的民法中，有关于不动产买卖的规定。其中有一条是这样的：卖主转让任何不动产都必须把不动产所有的缺点或者瑕疵告诉给

---

① 塞斯特斯：古罗马货币单位。

② 昆图斯·图贝罗：公元前45年罗马执政官。

卖者。在《十二表法》中则是这样规定的：买者应当对已经告诉给买者的那些缺点进行补偿。如果买者提出了其他的疑问，卖者应做切实地回答；如果有故意隐瞒之嫌，应当受到加倍惩罚。“现在我们还有与此相类似的规定：如果卖者知道他所出售的不动产有缺点但没有告知给买者，那么他应当对此承担责任。”例如，占卜官们在城堡上进行观察时，发现提普布利乌斯·斯卡沃拉的儿子贝瑞斯·克劳迪乌斯·塞图马卢斯（Tiberius Claudius Centumalus）在凯里安山上的住宅的部分建筑影响了他们的视线。于是他们贴出告示要求塞图马卢斯拆除遮挡视线的部分。此后塞图马卢斯马上贴出告示，并最后把住宅卖给了普布利乌斯·卡勒普尔尼乌斯[①]。没有多久，卡勒普尔尼乌斯也接到了占卜官同样的拆除通知。当得知在买房之前塞图马卢斯就知道这回事时，他便以“住宅的前任房主应当以适当的方式给予他补偿”的要求向衡平法庭提起诉讼。后来，这个案子由小加图的父亲玛尔库斯·加图做了宣判。判决如下：

既然卖主在卖房之前就已经知道占卜官的拆除令，但他却没有把这一情况告诉给买主，因此他应当赔付买主的损失。

实际上，这一判决已经确立了这样一条原则：卖者必须把他所知道的所有缺点告诉给买者，这也是诚信的要求。如果我们认定这样一个判决是正确的，那么我们在前面所列述的粮食商人和那个不卫生的房子的主人隐瞒实际情况的行为都是错误的。虽然民法作为一部法律不可能规定得很细致，但对那些已经纳入民法的行为它必须有惩罚的具体规定。

---

① 普布利乌斯·卡勒普尔尼乌斯（Publius Calpurnius）：公元前67年罗马执政官。

我有一个叫玛尔库斯·马瑞乌斯·格拉提蒂努斯（Marcus Marius Gratidinus）的亲戚，他把一所房子卖给了盖乌斯·塞尔吉乌斯·奥拉塔（Gaius Sergius Orata），而这所房子原来就是从奥拉塔那买来的。事实上，这所房子已经具备了抵押权，而在卖房子的过程中格拉提蒂努斯没有告诉给奥拉塔。

后来，奥拉塔就此事向法庭提起诉讼，并且请克拉苏斯为他的律师，而格拉提蒂努斯则请了安东尼为他辩护。克拉苏斯认为卖者没有履行告知缺点的义务，因此必须承担责任。而安东尼则说，奥拉塔本来就知道该房子有缺点，所以卖者没必要再告诉他这一点，当然不用承担法律责任。

玛尔库斯，我之所以向你列举这些例子，就是想告诉你，其实我们的祖先很不赞同类似这样的行为。

论杜绝为“利”隐瞒真相的方法

要想杜绝类似上面的那些行为，有两种方法可以参考：一种是法律的方法；一种就是哲学家们所采用的方法。法律的方法只是通过其强制力来规范人们的行为，而哲学家们则是通过对人们的教导和启迪来防止人们去做违法的行为。

我们的理性要求我们不去做那些不公正、不诚实或弄虚作假的事情。设置陷阱不就是一种欺骗吗？即使不是故意将人赶进陷阱，那种隐瞒也永远是一种欺骗。

一般情况下，野兽常常是在没有被驱赶的情况下掉入陷阱的；同理如果你在卖房的告示中没有把房子的缺点告诉给买者，那这无疑也是在布置陷阱。

很遗憾的是，现在社会的风气越来越滑坡。那些布置陷阱的做法常常不被人们看作违背道德的行为，而这些行为也不被法律所禁止。唯一值得欣慰的是，在道德的领域里，它仍然是被禁止的对象。

我们人类间存在着一种伙伴关系的纽带（我在前面已经说过，往后我还会如此强调），我们所有的人正是依赖这种纽带才联系在一起的。这种纽带在同一个民族中表现得比较紧密，而在同一个城邦中表现得更为密切。也正因如此，我们的先辈用《万民法》和市民法去理解和解决不同的事情。市民法[①]不一定是《万民法》，但《万民法》应当是市民法。

当然，法律并没有将所有的公正生动、形象、完整地展现给我们，我们所拥有的只是一个大概的轮廓和概念。不过，我还是希望我们都能够依照这个概念和轮廓来规范我们的行为，这些毕竟是从“自然”和真理提供给我们的那些典范中浓缩出来的。“由于你的诚实和我对你的信任，我就不会被欺骗”，这是多么有分量的一句话啊！“应当像诚实的人那样，彼此以诚相待”，这是多么地可贵啊！不过，谁是“诚实的人”，什么又是“以诚相待”，这都是需要我们认真考虑的问题。

以前，昆图斯·斯卡沃拉对套用“依照诚信所要求的”这句话的各种裁决很关注。他认为，“诚信”这个词用处很广泛，比如它经常被用在托管、买卖、租赁等商业活动中。他经常说，在这些活动中，特别是在允许反诉的情况下，需要一个很有才能的审判官才能裁判人

① 市民法：西塞罗在这里提到的是民法，民法不同于《万民法》，前者是城邦公民的法律，而后者则是全世界的法律。

们所负的责任。

此外，我们必须与那些邪恶的手段和奸诈作坚决的斗争。有些人把这些手段看作智慧，这就等于纵容了恶。智慧的功能在于区分善恶，而所有的不道德的行为都是邪恶的。奸诈是倾向于恶而不是善。

实际上，民法不仅在不动产的转卖中规定了对欺骗、奸诈行为的惩罚措施，而且在奴隶的买卖中也规定卖方不能有欺诈行为。按照市政官的裁决，卖主应当对他所出卖的奴隶存在的缺陷负责。他对奴隶的健康状况以及是否是个逃亡者或盗贼也应当清楚了解，只有那些通过继承而刚刚获得奴隶的人才可以有所例外。

通过上面的论述，我们可以得知，“自然”是一切正义的来源。据此我们可以说，所有利用别人无知的行为都是违背“自然”的。而那些以智慧的外衣从事奸诈行为的人则是生活中最大的邪恶。生活中发生的那些难以计数的、好像是“利”与“义”冲突的案子都来源于这种邪恶。毕竟当一个人确信做坏事不会被人发觉，也没有被惩罚的危险而仍然不去行动的概率太小了！

论真正的“义”与真正的道德的同一性

如果你感兴趣的话，就让我们对我们的原则做一个检测，考察一下在那些一般人不认为是错误的事情中它是否仍然起作用。在这方面我们已经没必要谈论那些杀人犯、投毒犯、盗贼、贪污公款者。对这些人的制裁和惩罚不再是用演说、教化和哲学家的讨论，而是用刑罚和监狱。在这里我们考察的是那些被公认为诚实人的行为。

有些人伪造了一份遗嘱并把它从希腊带到了罗马，声称这个遗嘱是富豪鲁修斯·弥努修斯·巴西卢斯（Lucius Minucius Basilus）写的。为了使这份遗嘱显得真实和合法，他们将当时很有权威的玛尔库斯·克拉苏斯和昆图斯·霍滕修斯①列入了继承人的名单。当时这两个人怀疑这份遗嘱的真实性，但他们觉得自己没有参与伪造的活动，他们自身是无罪的。他们最终没有拒绝接受这个由他人策划但有利于自己的财产。对于这样的行径，我们如何看待呢？难道就像他们自己考虑的那样——我们不能宣判他们是有罪的吗？虽然他们中的一个是我的朋友，另一个也与我没有任何的过节，但我还是认为他们是有罪的。

实际上，巴西卢斯本想让他的外甥玛尔库斯·萨特瑞乌斯（Marcus Satrius）改成他的姓并继承遗产②。然而，最终他的遗产却落到了两个上等的罗马人手中，而他的外甥却仅仅得到了姓氏的遗产。这显然是不公正的。如果一个人有能力阻止犯罪行为的发生却没有阻止，这种行径就是犯罪。有能力阻止不仅没有阻止，而且还助纣为虐，那应该如何处置呢？在我看来，即使一个遗嘱是真实的，若取得它的方式是采取谄媚和伪善，那也是可耻的事情。

在现实生活中往往会出现这样的事情：某种做法是有利的，而另一种做法却是合乎道德的。但我们说，类似这样的表面现象是不可信的。因为根本上衡量利以及衡量道德上的正直的标准只有一个，而且还是同一个。如果一个人没有明白这一点，那么他必然会去做那些奸诈、邪恶的事。按照“那种做法固然是符合正义的，但这种做法却是

① 昆图斯·霍滕修斯（Quintus Hortensius）：约公元前1世纪罗马演说家和政治人物。在威勒斯（Verres）审判案中是西塞罗的辩论对手。

② 西塞罗在这里指的是巴西卢斯需要外甥来充当罗马以外的皮塞努母和萨宾两个国家的“保护人”。

有利的”的逻辑，他必然会把那个本被“自然”融合在一起的两个概念重又分割开来。一旦真的出现这种情况，那么，那个通向奸诈和邪恶的大门就被彻底的洞开了。

*　　　*　　　*

让我们假定好人有这样的一种能力：只要用手打一个响指，他的名字就能被列入遗产继承人的名单。我想，一个真正的好人即使有这样的能力，也能确信根本没有人会发觉，他也一定不会这样做。但如果把这种能力给了玛尔库斯·克拉苏斯，我敢保证，他一定会高兴得在广场上跳舞发疯。而一个正直的人是决不会为了使自己富裕而做这种事的。

如果有人对我的观点表示怀疑，那说明他还没有真正了解什么是好人。只要打开埋藏于内心深处的“做好人的信条”，我们就会明白，所谓的好人就是那些尽其所能帮助别人的人。他们从不损害他人的利益。

我们所说的那种只要用手一打响指，自己就会取代真正的遗产继承人获得财富，这当然是损人利己的行为。说到这里，也许会有人问，难道一个人就不能为了自己的利益而有所行动吗？答案当然是可以了。但他一定要明白，做那些不正当的事根本没有任何利益可言。如果他不能谨记这一点，就永远也成不了一个好人。

在小时候，我从父亲那里听到前执政官盖乌斯·菲姆布瑞亚（Gaius Phimbria）审理玛尔库斯·卢达提乌斯·品提亚①一案的事。当时，品提亚本人与人打赌说：“如果我不能在法庭上证明自己是个

① 玛尔库斯·卢达提乌斯·品提亚（Marcus Lutatius Pinthia）：一个品质几乎无可挑剔的罗马骑士。

好人，那我愿意付出一份罚金。”菲姆布瑞亚则宣布自己决不会裁决这种案子，如果他在法庭上做出了不利于品提亚的判决，那他就毁坏了一个值得敬仰的人的名誉；如果他做出了有利于品提亚的判决，那意味着向人们证明品提亚是一个好人——一个履行了无数责任又具有备受称赞品质的人。

人这一点看来，不单是苏格拉底，就连菲姆布瑞亚也知道：在一个好人的眼里，任何不符合道德的事情都没有什么利可言。好人从来不去想更不会去做那些不敢让公众知晓的事。如果哲学家对连农夫都能判断的道德问题犹豫不决的话，这岂不是一种耻辱？

那句人人熟知的古老谚语正是出自农夫之口。他们称赞一个人的诚实时常这样说，他是一个能和他在黑暗中玩猜单双游戏的人。而这句谚的语意思正是说，即使你能为了自己的目的在背地里做别人无法知道的事，只要是不正当的行为，它就不会产生任何利益。

亲爱的玛尔库斯，通过这个谚语你难道还没有看出，无论是故事中的那个古革斯，还是那个用手一打响指就能把别人的遗产劫走的人，他们都是不可饶恕的吗？我还要再强调一下，只要你的行为是违背道德的，无论掩饰得多么成功，它最终都不会给你带来任何的利益。“自然”在根本上是驳斥、拒绝任何不道义的事情的。

论“义”与“利”的绝对法则

也许会打断我的话说：“请等一下，如果做坏事也能带来莫大的好处，那么干的坏事是不是也可以被原谅？”

盖乌斯·马瑞乌斯在担任民选司法官的六年间都沉默无言。他几乎没有任何获得执政官职位的希望和迹象，毕竟他是那种看起来连候选人都够不上资格的人。当时的他仅是一名参佐，供职于昆图斯·梅特卢斯[①]手下。后来，梅特卢斯让他回罗马休假。回到罗马后，他却在罗马人民面前指责梅特卢斯（一个杰出的人）故意拖延了战争，还宣称如果他当选为执政官，就会在很短的时间内把朱古达[②]押送给人民。后来，没想到他真的当选了执政官。但无论从哪个角度说，他的言行都违背了做人的公正和善良。他无缘无故地指责了一个受人尊敬的公民楷模，这个人因此而受到了人们的鄙弃——他可是这个人的参佐，又是这个人准许他去休假的。

此外，我的亲戚格拉提蒂努斯也做过一次好人不应当做的事。这件事发生在他当民选司法官的时候。由于当时的货币很不稳定，人们不能够判断出自己的财产到底值多少。于是，护民官们召集所有的民选司法官去开会，目的是制定一个衡量货币的价值标准。在会上，他们商议最终拟订了一个法令，在法令中规定了违反者的处罚和审判程序。最终他们一致通过了这个法令，决定在当天下午一起到讲坛上公布。

然而，在会议结束以后，格拉提蒂努斯却一个人径直去讲坛并公布了法令的内容。这一举动使他在突然间得到了莫大的荣耀。今日在大街上，你可以随处看到他的塑像，在塑像前都点燃着香烛。可以说，他所得到的荣耀还从来没有人能够比得上。

考察自己的责任时，我们有时会感到困惑。上面的事例会让我们觉得，有些不道义的举措虽不是很严重的罪行，但往往会使人得到了

---

① 梅特卢斯（Metellus）：公元前108年罗马执政官，西塞罗生前的政友之一。

② 朱古达（Jugurtha）：北非的努米底亚国家的国王。

重大的收获。比如格拉提蒂努斯违反约定提前把法令公布于众，从而得到了盛大的荣誉，而不是什么多大的罪过。对他个人而言，这种手段有助于他当选执政官，实际上这也是他努力要达到的目标。

在这里有一条适用于所有情况的规则，我希望你能烂熟于心：任何表面上有利的事情都不应当违背道德；或者说，它如果违背道德，那它在根本上就无利可言。按照这条法则，我们能说盖乌斯·马瑞乌斯和格拉提蒂努斯是好人吗？玛尔库斯，请你静下心来好好想想，就会明白这些事例中所包含的好人的概念究竟是什么。

现在请你告诉我，为了自己的利益而撒谎、诽谤甚至去欺骗的人与你心目中的好人能相一致吗？毫无疑问，肯定是不一致的。只要是好人，他们绝不会去做那样的事。

在这个世界上，有什么东西或利益值得一个人为了它而不惜毁坏“好人”的名声和自己的名誉呢？如果那些“利”毁坏了你的“好人”名声和名誉，使你丧失了荣誉感和正义感，那么你所得到的“利”能补偿所失去的这一切吗？一个人如果丧失了荣誉感和正义感，那与野兽还有什么区别？

论不顾道义牟取权力的错误

如果一个人为了获取权力而不顾道义，那他的行为与找一个卑鄙无耻的人做岳父，并靠这个人的无耻行径获取权力毫无区别。他认为自己可以通过获得最高权力免除被公愤殃及但却没有认识到，他的这种行径对他的国家来说是多么的不公平和不道德！这位岳父还经常把

《腓尼基妇女》[①] 中的两行诗句挂在嘴边。这两句诗我尽量翻译出来，虽然译得不太好，但意思还是比较清楚的：

既然一个人必须做坏事，
那么为了王权而做坏事，
是最值得的了。
其他的事才要遵从神的意旨。

你说这个暴君该死不该死？他竟然将所有的罪行中最邪恶的罪行排除在外了。我们怎能罗列那些次要的罪行（也就是用邪恶的手段去获得遗产或者用欺骗的方法去买卖等），却忽视最大的罪恶呢？现在想必你也已经看到，有一个人的野心是想成为整个罗马和世界的主宰，而且这些已经成为了现实。而如果一个人坚持认为这种野心是符合道德的，认为他所进行的镇压是光荣的，那么他一定是疯子。因为这是对法律的践踏，是对自由与和平的背叛，是对罪恶行径的无耻辩护。如果有人认为在一个曾经是自由的国家的国王现在还在为维护自由而努力是不符合道义的，但他又始终在做着自己有朝一日能达到那种地位的梦，因为这种地位对他是有利可图的，那么我该如何劝说他放弃这种荒谬的想法呢？

啊，永恒的神哪！一个人如果侵害了他的祖国，即使他被他所奴役的人们授予了“国父”的称号，这种在所有的罪行中最令人厌恶和可怕的行径又能带给他什么利呢？因此，“义”应当是衡量“利”的标准，我们甚至还可以说，尽管“利”、“义”的发音不同，但在实

① 欧里庇德斯的悲剧作品。

质上他们的意思是完全一致的。

我不知道，在一般人的眼里，除了当国王以外还有什么更有利的事情。当对这种认识的正确性开始怀疑时，我发现没有什么比利用不正当的手段去获得国王这个权位更卑鄙的事情了。一个人整天处于担惊受怕、焦躁不安，被危险和阴谋包围的环境之中，他过这样的的生活还有什么“利”可言呢？阿克齐乌斯①说：

君王的敌人和不忠实的朋友很多很多，

但忠实的朋友却少之又少。

在这里，阿克齐乌斯所说的君王是那种通过合法的手段，从坦塔卢斯②和珀罗普斯［珀罗普斯（Pelops）：坦塔卢斯的儿子］。那里继承下来的君主。那么，就连这样一个合法的君主都没有几个忠实的朋友，那么，更何况那种用罗马的军队去镇压罗马人，并征服一个曾经是自由的国家让它去做自己的奴隶的君主？

亲爱的玛尔库斯，请想一下，像他这样的一个人能不受到良心的谴责，心灵不遭创伤吗？如果一个人只有采用这种方式才能获得最大的荣誉和人们对他的永久拥戴，那他本人的生活又有什么利呢？这些看起来有利的行径——实际上是不利的——充满着罪恶和耻辱。我们应该相信，一切不符合道义的事情都是无利的。

---

① 阿克齐乌斯（Lucius Accius）：公元前 170 ~ 前 85 年，古罗马悲剧作家、语言学家。

② 坦塔卢斯（Tantalus）：宙斯的一个儿子，他是一个富翁，统治着吕狄亚的西皮罗斯。

再论国家定义上的“义”与“利”

实际上，上面的这个结论已经被多次提到和证明。其中在与皮勒斯[①]交战时，担当已第二次担任执政官的盖乌斯·法布瑞修斯和我们元老院所做的决定最引人注意。

皮勒斯平白无故地向罗马人宣战，战争的目的是为了争夺霸主地位。这位与我们争霸的敌人是个豪迈而又强大的国王。在交战的过程中，有一个逃兵从皮勒斯军队中跑来，他来到法布瑞修斯的军营说，如果法布瑞修斯答应给他奖励，那么他愿意再偷偷地跑回军队，用下毒的方式把皮勒斯杀死。后来，法布瑞修斯拒绝了他的建议，下令把这个投诚的家伙送到了皮勒斯那里。元老院对法布瑞修斯这一做法非常赞赏。

如果我们只追求那种表面上的“利”，也就是人们心目中的那种战争胜利之利，那我们一定会利用这个逃兵的建议，因为这不但能帮助我们除掉与我们争霸的国王，而且还可以使这场劳民伤财的战争尽快结束。但最终我们没有这样做，因为我们是为了荣誉而战。如果用下毒这样的罪恶手段而不是用坦荡的勇敢取得胜利，那我们将永远蒙受耻辱。

我们不禁要问，这场战争对于法布瑞修斯（他和我们城市的关系犹如阿瑞斯提德斯与雅典的关系）来说，或者对于我们的元老院来说，是用自己的刀剑与敌人作战更有利呢，还是用下毒的方式与敌人作战更有利呢？如果争霸是为了荣誉而战，那么毫无疑问我们当抛弃

---

① 皮勒斯：公元前319～前272年，希腊西北部伊庇鲁斯的国王。

罪恶的做法，荣誉是不会产生于罪恶的。但如果仅仅是为了权力而战，我们似乎应该选择后者。但我相信无论如何，我们的战争的行为一旦和下毒这种可耻的勾当联系在一起，那是不会有任何真正的“利”可言的。

据此，我们还可以说，昆图斯的儿子菲利普斯提出的那个著名的议案是错误的。鲁修斯根据元老院的决定，接受了某些城邦的巨款并答应豁免他们的赋税。然而，菲力普斯后来提议说，应当继续使他们处于属国的地位，对于他们所交纳的巨款也不予退还。元老员采纳了他的建议。

现在看来，这种朝令夕改、出尔反尔的做法对于元老院是多么大的一个耻辱啊！一个不守信用的政府还不如海盗知廉耻。也许有人会说：“这样做对我们国家来说是有利的，它增加了我们的国库收入。”人们也许会认为一个不符合道义的事情是有利的，但所谓的利又能持续多久呢？一个正义的政府应该建立在良好的声誉和盟国对它的忠诚之上。而一个面对憎恨和对它呈现的失望面孔的政府能有什么利可言？

在这一点上，我常常与加图发生争执。我认为，他在维护国家财政收入即税收方面有很大贡献，但他的政策太过于苛刻。他从不答应包税人的任何请求，而盟国的减税要求他也从不准许。在我看来，我们应当像对待自己的房客那样对待盟国和包税人——不仅要慷慨而且还要宽容。各个阶层之间的和谐和团结对我们国家的兴旺和发达是至关重要的。库瑞奥①为波河那边的居民进行辩护说，他们所提出的要

① 库瑞奥（Curio）：约公元前49年罗马护民官，后随恺撒征伐非洲中阵亡。

求是正当的，这种做法很正确。但他说“所有的一切都应当服从利的要求”，他的这种观念是错误的。

实际上，我希望库瑞奥说，他们的这些要求对国家不利，所以是不正当的；而不是所谓的“他们虽然是正当的，但他们的要求对国家不利”。

论贺卡同对“义”“利”问题的解答

在贺卡同《论道德责任》的第六卷有几个问题很突出。

首先，他说：“当粮食紧缺、粮价很高时，让自己的奴隶挨饿的做法与做一个好人的责任是一致的吗？”

针对这个问题，贺卡同做了正反两个方面的论证。只是到最后他所得出的结论还是以利为标准，而不是以人类的情感为标准。

紧接着，他提了这样一个问题：假设一个人在海上遇到了风暴，他必须把船上的一部分货物扔出去，那么在这时，他是扔一匹值钱的马呢，还是把一个奴隶扔下去呢？在这种两难的情况下，他既想保全自己的财产，又想顾及人类所怀有的情感。

“假定有一条船沉没了，而一个很愚笨的人抓到了一块救命的木板。在这种情况下，一个聪明的人是否可以把木板从愚笨的人手中抢走呢？”

贺卡同认为，那是不正当的。

再看以下：

“假如这个聪明的人是船主呢？这船是属于他的，他是否就可以把它抢走呢？”

“仍然不可以，这如同在大海上他不能因自己是船主而把自己的船客扔进大海。在船还没有到达目的地时，船是属于船客的。”

“再假设一种情况：在一次海难中，有两个人（聪明的人）需要救助，但却只有一块木板，那么在这个时候，这两个人是为了救自己而争夺这快木板呢，还是由一个人让给另一个人呢？”

“当然是由一个人让给另一个人！但获得木板的人必须是生命对他自己或国家更有价值的人。”

“要是这两个人的生命对其自己或国家都很有价值怎么办？”

“即使这样也不应该争夺，两人之中必须有一人放弃。这似乎需要抓阄或猜拳来确定。”

“让我们再假设一种情况：一个父亲偷了寺庙里的宝物或挖掘通往国库的地道，他的儿子是否应该报官？”

“不，那是有罪的。相反他的儿子应该为他的父亲辩护。”

“但国家的利益不是比所有的一切责任都重要吗？”

“是的，国家利益的确是最重要的。但如果子女忠于他的父母，这对国家有更长远的好处。”

“如此说来，如果父亲要篡夺王位，儿子也要不闻不问吗？”

“当然不能，他首先应当劝说父亲；如果不行，他就应该责备甚至威胁他的父亲。如果仍不能奏效而父亲的行为会导致国家灭亡的话，他就应该为了国家的利益而牺牲他父亲。”

此外，贺卡同还提出这样一个问题：“假设一个聪明的人收到了一个假币，那他是否可以继续使用来偿还债务呢？”对这种情况，第欧根尼说可以，而安提帕特说不可以，我自己则赞成后者的观点。

假如一个人知道他所卖的酒很快就要变质，那么他是否应该把这一实情告诉给他的顾客呢？第欧根尼认为可以不说，而安提帕特则认为一个诚实的人应该说。诸如此类的问题，像很多的法律条文一样，在斯多葛学派中经常争论，比如在卖奴隶的时候是否应当将他的缺点（包括民法上规定要告诉的缺点，还要说明他是否诚实以及有无偷盗、赌博和喝酒等恶习）告诉给买主。有些人认为应当告诉给买主，有些人则认为可以不这样做。

“假如有人把黄金误认为黄铜进行出卖，那么一个正直的人是否要告诉他这是黄金，还是马上拿出一先令买下这价值 1000 先令的黄金？”

到现在，对这些问题以及两位哲学家所争论的原因，我已经是非常地清楚了。

论协议和承诺冲突时的选择

还有一个常常出现的问题：协议和承诺。按照民选司法官的说法，“当他们不是通过欺诈或武力威胁的方式所达成的”，是否应当永远地遵守？

假如一个人把一种治疗水肿的药给了另一个人，同时他们约定治愈以后不能再使用此药，假定患者在使用此药康复几年后又旧病复发了，他该怎么办？这就出现了问题。既然拒绝一个人的治病请求是不近人情的，而他把药给患者也不会有什么损失，那么病人关心自己的生命健康是正当的，他应该继续给予帮助。

假如一个富翁在遗嘱中决定把价值一亿塞斯特斯的遗产送给一个年轻人，但他要求这个年轻人必须在讲坛上当着众多人的面跳上一段舞。假定这个聪明的年轻人答应了他的要求，因为否则他就得不到这笔遗产，那么他是否要遵守这个诺言呢？在我看来，他本不应该答应这个要求，只有这样才能显示他是一个有骨气和尊严的人。但他既然已经答应了，而他认为在讲坛上跳舞是不道德的事情，那为了不违背道德不去跳舞要比履行诺言接受遗产好得多。当然，如果他想把这笔遗产捐献给国家以应付某种危机，这将另当别论。在我看来，只要是对国家有利，而你又愿意的话，在讲坛上跳舞也不是什么违背道德的做法。

此外，如果一个承诺对承诺者本人是不利的，那他也不必遵守。

比如，在神话中，太阳神曾经向他的儿子法厄同（Phaethon）许诺将会答应他的任何要求。当他允诺法厄同驾驶他的太阳车后，法厄同却被雷电烧死了。在这种情况下，太阳神不履行他的诺言要比履行好。再看那个特修斯，他要求涅普敦履行“实现三个愿望”的诺言又怎样的？其中，特修斯怀疑他的儿子希波吕托斯与其继母有不正当关系，即标儿子死掉，但当他的这个愿望得到实现时，他又悲痛万分。而阿伽门农[①]也曾经向狄安娜[②]做过许诺：要把当年所生产的最美丽的事物送给她，后来他只是把自己的女儿送了过去，因为在那一年再也没有什么比他女儿更美的事物了。实际上，他应当违背他的诺言，不必昧着良心去做那种令人痛恨的邪恶事。

因此，诺言在有的时候不必遵守。

别人让你托管的物品也不一定归还。比如，一个人在其精神正常的情况下，把他的利剑交由你保管，而当他精神失常时向你要剑你就不应该给他。在这种情况下，把剑给他就是一种罪过。再让我们假定，一个人曾经把一笔钱存放到你那儿，后来他为了谋反叛国需要这笔钱，你是否要还给他？

---

① 阿伽门农（Agamemnon）：古希腊迈锡尼国的国王。

② 狄安娜（Diana）：希腊古神话中的月亮和狩猎女神。

在我看来，你不应该还给他。因为一旦你把钱给了他他就会做损害国家的事情，而国家是你最热爱的对象。有些事情，在表面上看它们是符合道义的，但在某种情况下它们就成了违背道义的事情。总之，履行诺言、遵守协定、归还托管物等在某些情况下会成为违背道义的行为。

到现在，我想关于那些表面有利而实质上却违背道义的行为，我已经说得很多了。

在本话题的第一卷里，我已经指出从道德上的正直的四个来源推导出道德责任，在这里让我们继续从这四个方面来详述那些表面上有利而实际上无利的行为是不符合美德的。在前面，我们已经讨论过了智慧，也说过了公正，下面让我们对两种道德上的正直进行探讨。它们是：在一个优秀的灵魂上所能看到的伟大和卓越；另一种是沉稳和自我克制对灵魂的塑造和调适。

论伟大灵魂的“义”“利”选择

在悲剧诗人尤利西斯的描述中，我们可以发现诗人的观点是：自己做任何的计谋都是对己有利的。在我们最推崇的荷马作品中也可以看到，它并没有对尤利西斯的行为进行质疑。可悲剧作家们则指责尤利习斯，用装疯的做法来逃避服兵役是违背道义的行为。也许有人会说：“对他来说，保住自己的王位，与自己的家人在伊塔刻岛过幸福安逸的生活是最有利的。难道你认为忍受苦役和危险就能赢得可与幸福和安逸的生活相比拟的荣耀吗？”

我认为，用逃避兵役的做法而获得的安逸应当受到鄙弃。如果一项行为不符合道义，它那它肯定没有任何利可言。试想，如果尤利西斯一直装疯下去，那他将会被人们说成什么样子？尽管尤利西斯在战争中表现得很英勇，但他还是被埃阿斯这样描述：

> 你们都知道，最早宣誓的人是他，
> 而最先违背誓言的人也是他。
> 他为了不从军而坚持装疯。
> 如果不是聪明的帕拉谟得斯[①]揭穿了他的计谋，
> 他就永远不会履行他的誓言。

让我们把审视的目光从国外的神话传说转到我们国家的历史上。

在玛尔库斯·阿提利乌斯·勒古鲁斯[②]第二次任执政官时，他因中了克桑提波斯（Xanthippus）的计谋而被俘虏。克桑提波斯是汉尼拔的父亲哈米卡尔（Hamilcar）手下的一个斯巴达将军。斯巴达人让勒古鲁斯回到罗马，目的是要他和元老院商议释放迦太基的贵族战俘。同时，他们还要勒古鲁斯宣誓：如果没有商议成功，他必须返回迦太基。

勒古鲁斯回到罗马后，他不可能没有看到这些表面上的利：留在罗马与自己的家人团聚并享受天伦之乐，保持自己作为执政官的尊严和荣耀，把自己的军事失败看作兵家的常事等。但最后他还是认为以上的利都是表面之利并弃之不顾。在一个有着伟大的灵魂和勇武之气的人心目中，所有的这些都不是真正有利的东西。

难道你还能够找到更有权威的评判者？这些否定来自美德，它们的特点就是无所畏惧，也不为世俗的浮华生活所迷惑。在他们看来，

---

① 帕拉谟得斯（Plalmedes）：希腊联军的谋士，后被俄底修斯陷害。

② 玛尔库斯·阿提利乌斯·勒古鲁斯（Marcus Atilius Regulus）：公元前267、256年两度任罗马执政官。

没有什么不可以忍受的。那么勒古鲁斯最后是怎么做的呢？当元老院对他的来意进行表决时，他拒绝参加投票。他坚持认为，只要他还受着在敌人面前所做的誓言的约束，他就没有资格进行表决。

另外，勒古鲁斯还说不应该让那些战俘回到迦太基，因他们都是些年轻的军官——而他自己已经是年老的人了——一旦放他们回去将会不利于罗马。

后来，元老院采纳了他的建议，而他对家庭的依恋仍然没有阻止他回迦太基。实际上，他很清楚回到迦太基面对的将是敌人的酷刑，但为了履行自己的诺言他不再顾及这些。我们都知道后来他的遭遇：到了迦太基以后，敌人不让他睡觉，他终因困乏而死。但我认为，即使这样他也仍然比留在罗马好（也许有人会说，这个傻瓜，他偏偏喜欢对自己不利的事）。作为一个年老的战俘、一个有着威望的执政官，如果违背了自己的诺言那对他来说将是最大的耻辱。

也许会有人说："他不主张换战俘，甚至还公开反对这种做法，真是愚蠢至极。"

这怎么能说是愚蠢呢？他的建议对国家来说是有利的，这是愚蠢吗？难道那些对国家不利的事情对我们每个公民来说是有利的吗？

论遵守誓言上的"义""利"选择

如果人们把"利"与道德上的正直分割开，那人们就将推倒了"自然"所设定的基本原则，毕竟我们所有的人都在追求着对自己有利的事情，而利对我们的诱惑力也是无比大的。直言之，有谁会拒绝对我们有利的东西呢？有谁不为了对自己有利的东西而全力以赴呢？但我们必须承认，除了名誉、恰当和道德上的正直以外，我们再也找不到对我们有利的事了。我们把这三点看作最重要最崇高的追求目标。在我看来，那些对我们有利的东西，与其说是与我们的尊严有着密切联系的装裱，倒不如说是我们生活的一种必需品。

也许会有人问道：那么，誓言到底有多重要呢？难道我们就不怕触怒朱比特吗？

根本不用害怕——哲学家的那些被人们普遍接受的观点是：神从来都不发怒，也不害人。这种观点既是那些说神自身不在意各种烦恼也从不给别人带来烦恼的人的看法，也是那些相信神永远在工作，永远在指导着他的世界的人的看法。再说假如朱比特发怒了，那他对勒古鲁斯的伤害还能超过勒古鲁斯对他自己的伤害吗？因为宗教的缘故而放弃那么大的“利”是很不值得的。

或者，他是否怕自己的行为会是不道德的？对于这一点，有一句格言说：“在各种害中选择害小的。”那么，那种因违背道德所遭遇的害会与那种令人恐惧的刑罚所造成的害一样大吗？

记得在阿克齐乌斯的剧本中有这样两句兄弟的台词：

> 堤尔斯忒斯（弟）：你为什么不遵守自己的诺言？
>
> 阿特鲁乌斯（哥）：我没有说过，我必须遵守自己的诺言，而且我对不讲信誉的人也从不受自己诺言的约束。

尽管阿特鲁乌斯是个很邪恶的国王，但他说的这句话，确实有一定的道理，也很能给人以启迪。

再来看他们的第三个观点：正如我们说有些事情表面上看是很有利的，但实际上却是不利的一样，他们认为，某些事情似乎是符合道德的，但实际上它也并非如此。他们说：“比如，在勒古鲁斯的例子中，他为了遵守自己的诺言而回去忍受迦太基的酷刑，这似乎是符合道义的，但实际上根本没必要遵守受了敌人的威胁而立的誓言。”

他们的最后一个观点是：所有有利的事情都可能是符合道德的。尽管一开始不觉得会是这样。

他们反对勒古鲁斯的做法的观点大概就有这些，让我们对其一一分析。

*　　　　*　　　　*

这个论点甚至说：他们不用怕朱比特发怒会加害于他。朱比特从不发怒也不害人——这不仅是在反对勒古鲁斯的行为，同时也是在反对所有本来应该遵守的誓言。

当我们发誓时，我们不应当考虑自己违背了诺言将会受到什么样的惩罚，而应当考虑我们对自己的发誓所应负担的责任。誓言是一种带着某种宗教意味的神圣许诺，就像一个人如果对神承诺了一件事，他就必须不折不扣地去履行，或者去遵守。遵守的原因并不是害怕一旦失信神真会来惩罚我们，而是因为失信——导致公正性和诚信受到玷污。

恩尼乌斯曾经这样说：

仁慈的诚信女神，在空中飘行，

你以朱比特伟大的名义发誓！

因此，无论是谁，只要他违背了自己的誓言，那他就亵渎了诚信的女神。而且，正像加图在他的演说中说的那样，我们祖先在选择诚信女神的庙宇地址时认为应该在卡庇托尔山上，“与无比崇高的朱比特为邻”。

有的人还进一步反对说：“即使朱比特发怒了，他对勒古鲁斯的伤害也不会超过勒古鲁斯对他自己的伤害。”

如果认为痛苦是唯一的恶，那么他们的观点是对的。但那些最有权威的哲学家[①]却告诉我们，痛苦不仅不是最大的恶，甚至可以说它根本不是恶。请不要轻视勒古鲁斯的行为，它可能是验证哲学家们观点的最好证据。一个一等的罗马公民，为了遵守自己的诺言，履行自己的道德责任，他宁愿面对酷刑，这还不是最好的证据吗？

他们还说，“在各种害中选择害小的”。如果这个观点成立，那么我就要问：难道一个人宁愿选择不道德而不愿遭受不幸吗？或者说，难道还有什么比不道德更恶的吗？

如果身体的疾病会导致人的心情有所不快，那么，一个灵魂的堕落或残缺似乎更应被人们所唾弃！因此，如果那些敢于认真讨论这些问题的哲学家敢说不道德是唯一的恶，那么即使随随便便地谈论这些问题的哲学家[②]，我相信他们同样也会毫不犹豫地说不道德是最大的恶。

他们再一次引述这样一句台词：

> 我没有说过，我必须遵守自己的诺言，而且我对不讲信誉的人也从不受自己诺言的约束。

对诗剧作者来说，他们这样说是恰当的，因他塑造的阿特鲁乌斯这个人物，必须有适合他自己的台词。但如果他们想把“对不讲信誉的人也从不受自己诺言的约束”作为一个原则，那他们必须注意，这不能当成发伪誓的借口。

另外，在战争中，我们有必须遵守的规约。与敌人来往也应当遵守誓言。如果一个人在发誓时内心是有意识的、是真心的，那他就必

① 隐指斯多葛学派。
② 隐指亚里士多德学派。

须遵守；但如果相反，那他即使不遵守也不算作是伪誓。比如，假定一个人被海盗所胁迫答应要一笔钱来赎自己的命，那么当他获救时，他不去交钱也不算伪誓。海盗是世界的公敌，他们不属于合法的敌人，向他们所立的誓言没有任何的约束力。但如果所发的誓是“凭自己的良心”，却又不去履行，那他就是伪誓。欧里庇得斯（Euripides）说得很好：

我口中发誓，但心中无誓。

对于勒古鲁斯来说，他不能对敌人作伪誓，因为他面对的敌人是合法的敌人。为了规范我们与这种敌人之间的关系，我们制定了比较完善的宣战和缔结和约的法典，另外还有许多对其他的国家同样拥有约束力的法律，否则，元老院也不会把勒古鲁斯这样一个优秀的罗马人交给自己的敌人了。

总论“义”“利”矛盾的解决准则

在以前曾经发生过这样一件事情。

在提图斯·维图瑞乌斯（Titus Veturius）和斯普瑞乌斯·波斯图弥乌斯（Spurius Postumius）在第二次任罗马执政官[①]时，在卡夫丁峡谷战斗中遭受失败，我们的军队被迫缴了械。这两个执政官居然在没得到元老院的同意下，擅自与萨摩奈人媾和，结果被捆绑着交给了萨摩奈人。同时被缚去的还有护民官提贝瑞斯·努米修斯（Tiberius Numicius）和昆图斯·梅利乌斯（Quintus Maelius），因为他们是支持媾

① 指的是公元前262年。

和的人。元老院之所以这样做，是为了废止与萨摩奈人签订的和约。至于波斯图弥乌斯，他本身就是提议上述行动的人。自己是否也应该被缚交对方，这个问题迄今为止还在人们的争论之中。

多年以后，盖乌斯·曼西努斯[①]也有过类似的经历。他没有经过元老院的同意就与努曼提亚人签订了协约。鲁修斯·芙菲乌斯（Lucius Fufius）和塞克司图斯·阿提利乌斯（Sextus Atilius）根据元老院的法令建议将他缚交给努曼提亚人，曼西乌斯本人竟然也赞成这个建议，最终他被交给了敌人。与昆图斯·庞培相比，他的行为是比较高尚的。庞培与他的情况类似，但庞培却请求得到宽恕并反对那个建议。庞培的例子让我们看到表面上的利胜过了道德上的正直，而曼西乌斯的例子则是道德上的正直胜过表面上的利。

他们反对勒古鲁斯的做法，争辩道："在武力的威胁下所发的誓是不应该有约束力的"。他们的话语似乎表明一个勇武的人会屈从武力。

"那么，既然勒古鲁斯本人都反对释放战俘，那他为什么还愿意回罗马呢?"

你所指责的这一点正是他品行高尚之所在。他不想以自己的意愿办事，他想把情况告诉给元老院，然后让元老院进行定夺。如果他没有向元老院提出建议，那些战俘就会被送回迦太基。如果真是这样的话，他就可以回到罗马过比较安稳的日子，但这必将会不利于罗马。最终他表明他相信自己的信仰并愿意忍受酷刑，因为这是符合道义的。

当他们说，所有有利的事情都可以被证明是符合道义时，我认为

---

① 盖乌斯·曼西努斯（Gaius Mancinus）：公元前137年罗马执政官。

他们不应当说“可以被证明”符合道义的，而应当说成“实际上就是”符合道义的。因为凡是不符合道义的事情都是没有利的。一件事不是因有利才符合道德，而是因符合道德才有利。

即使在历史上很多值得称赞的例子中，我们很难找到一个比勒古鲁斯适合证明上述道理的事例了。

*　　　　*　　　　*

在勒古鲁斯的行为中，最值得我们赞赏的还是他建议不要释放战俘这一点。虽然他返回迦太基的行为在我们今天看来是可赞的，但在当时他别无选择。也就是说，他的返回是那个时代使然，应该归功于那个年代。在我们祖先看来，在诚信保障方面，没有什么比遵循誓言更重要的了。《十二表法》、“神圣法”、对敌人发誓讲诚信的规约以及监察官所做的调查和他们所做的判决等都已经证明了这一点。而我们的祖先在处理违反誓言的案子是很严厉的。

罗马平民护民官玛尔库斯·庞波尼乌斯（Marcus Pomponius）曾指控奥鲁斯的儿子鲁修斯·曼利乌斯（Lucius Manlius）在任独裁官期间将其任期延长了几天。此外，他还指控奥鲁斯将他的儿子提图斯·曼利乌斯（Titus Manlius 外号为“托奈图斯”）放逐到野外，并让他过与世隔绝的生活。当提图斯听说他的父亲遇到了麻烦时，他急忙赶到大法官庞波尼乌斯的家。家人告诉庞波尼乌斯说提图斯来了，庞波尼乌斯以为他一大早怒气冲冲地赶来是向他提供反对父亲的新证据，于是立即起床并让自己的人都退下，并让这个年轻人进来。出人意料的是，提图斯却拔出剑说，如果他不发誓放过对其父亲的指控，他将会杀死他。至此，庞波尼乌斯只好发誓。此后，庞波尼乌斯把这件事陈述给了平民，表示他不得不放弃这个案子。在那个时代，就是如此，人们对誓言的神圣性很是尊崇。

在阿尼奥战役中，有一个高卢人向一个罗马青年挑战进行决斗，结果高卢人被青年杀死，而他的项圈也被青年所摘取。而这个青年人正是提图斯。后来，在他做第三任执政官时，他通过维色瑞战役击败了拉丁人。他这个人很聪明，他对父亲很孝敬，但对他的儿子却很严厉。

*　　　　　*　　　　　*

像勒古鲁斯遵守自己的誓言而应当得到赞赏一样，在坎尼战役后，汉尼拔有条件地释放元老院的十个人，如果他们没有返回，那么他们将受到谴责，因他们曾发过誓——如果交换俘虏的计划没有成功，他们就彼此返回。至于他们到底是否真的返回，历史学家们认识各不相同。

波里比乌斯（Polybius）是最权威的历史学家。他认为，那十个人中有九个是著名的贵族，他们立誓：如果元老院没有同意换俘，那么他们返回。其中只有一人留了下来，这个人曾在离开敌人的营地时又返回营地，谎称忘带了东西。此后，他说自己已经返回了营地并履行过了誓言，原来的誓言对他已无效力。他当然错了，通过欺骗的手段来脱离誓言的约束是更大的罪行。他的这种似乎是精明的做法实际上是愚蠢之举。于是元老院最终还是把这个人缚交给了汉尼拔。

这个故事最有意义的情节是：汉尼拔手下的 8000 个俘虏不是从战场上获取的，也不是出于怕死逃离战场而被擒获的，而是执政官保鲁斯和瓦罗（Varro）将他们留在营地而被俘的。实际上，元老院本可以用一笔小钱把这些人赎回来，但结果没有这样做。为何？因为元老院想让士兵记住这个教训——他们要么胜利，要么牺牲。根据波里比乌斯的说法，汉尼拔听到这些后很丧气。在罗马受到如此重创时，他们的士兵却仍然保持着高昂的斗志。最终道德上的正直胜过了表面上的利。

不过，盖乌斯·阿斯利乌斯认为离开敌营后又折回去的有好几个人。他们都想利用这种方法来逃脱誓言的约束，结果每个人身上都被监察官烙上了耻辱的印痕。

姑且让我们把上面的话作为这个论题的结束语吧。那些在怯懦、卑劣、颓废心境下所做的行为——如果勒古鲁斯为了自己的表面之利，而不顾国家之利，那他的做法也将是这种行为——是不可能有什么利可言的，因为他们是可耻的、不道德的。

论追求纯粹的美德

我们最后要谈论的是第四种道德上的正直。它包括恰当、温和、自我克制。

对于任何事情而言，若违背了这些美德，能会有什么样的利呢？有些哲学家比如昔兰尼学派和以安尼克瑞斯（Anniceris）作为自己学派名称的哲学家认为，美德之所以被称赞，只因它是快乐的产物。现在这些学派都已经成为过去，而伊壁鸠鲁学派的观点开始风行——实际上，它所坚持的也是那些学派的学说。为了维护道德上的正确的标准，我们必须与他们斗争到底。

就像我们在梅特罗多鲁斯的作品中看到的那样，如果诸如利、人生的幸福都取决于我们肢体的强健和对这种强健的期望的话，那么那种利（被称为最大的利）肯定会与道德上的正直发生冲突。在这个体系中，智慧处于什么地位呢？它是处于快乐搜集者的地位吗？或者说在两种感官上的快乐之间做一种似乎聪明的选择吗？即使再也没有什么比这更快乐的选择，对智慧来讲，也没什么比将智慧用于这种选择更卑贱的功能了。

如果有人认为痛苦是最大的恶事，那坚强和忍耐的德行在他的人生哲学中处于什么样的地位？尽管伊壁鸠鲁经常很有魄力地说痛苦，我们还是应当注意他在说的是什么，应当考虑一个把快乐定义为善，把痛苦定义为恶的人，他所坚持的会是什么样的学说。

此外，如果我们静心听他的教诲就会发现，他常常谈论自我克制。但正如人们所说的那样“水不会流动”，他们既然把快乐看成最大的善，又怎能自我克制？克制的对象是情欲，而情欲就是快乐的婢女。

当我们谈到这三种美德时，其余的哲学就会想办法进行应对，应对得机智巧妙。在它们的学说里，智慧已经是被作为提供快乐和忘却痛苦的知识归入了他们的体系。他们还设法消除阻碍坚强和忍耐的各种因素来服务他们的学说。他们声称，坚强和忍耐是蔑视、对付死亡和痛苦的方法。此外，他们还试图把自我克制纳入他们的体系（这当然不是很容易的事，但他们似乎尽了最大的努力）。在他们看来，没有痛苦就是最大的快乐。公正对他们来讲，已经是无足轻重甚至是弃之不顾的东西。

其实所有的美德都是如此。如果人们不把诸如善良、慷慨、谦虚、友谊等作为具有其自身价值的美德追求下去，而只把它们当成为了追求感官快乐、个人私利的途径进行培养，那它们都将无法存在下去。

现在让我们做一下简要的总结。

正如我所说的，那些违背道德上的正直的利都不是真正的利，所有感官上的快乐都违背道德上的正直。在我看来，卡尔利丰（Calliphon）与迪诺马库斯（Dinomachus）都是应当受批驳的对象。他们认为只要把快乐与道德上的正直结合在一起就可以解决这一问题，但实际上，这种想法就如同把一个人同野兽结合在一起一样荒唐不可行。对道德上正直而言，它是拒绝这种结合的。善应当是很纯粹的东西，它不可能是一种有着相反特性的混合物。（这是另一个问题了，在此我不做什么谈论了。）

然后，我细述了表面上的利与道德上的正直发生冲突时，我们应该作何抉择。尽管有些人认为快乐能呈现出有利的表象，但它与道德上的正直之间仍然没有什么相同的地方。我们虽然可以尽可能多地把快乐带进我的生活，但它最终还是不能为我们提供真正意义上的利。

亲爱的玛尔库斯，我写的这些东西是送给你的礼物。我认为这是一份厚重的礼物。它是否有价值还是要看你对它的态度。请让我做一个比喻，你应当像听克拉蒂普阿斯的讲课做笔记一样，把我的这三卷东西当作客人来迎接。另外，也希望你能像我到了雅典而倾听我的谈话一样，你也应该用尽可能多的时间来阅读这些东西——它们正替我向你传达我的心声。如果愿意的话，你还可以随自己意愿研究它，多长的时间都可以。当我看到你很乐于研究这一哲学的分支时，我将和你进行面谈（我希望我们能够早日见面），不过你若一直待在国外，那我也只好用书信与你交谈了。

再见了，亲爱的玛尔库斯。你知道，你是我最疼爱的人。如果你很高兴地接受我的劝导和教诲，那么我就会加倍地爱你。